Analyse

DES MERVEILLES

DE LA CRÉATION.

LYON, IMPRIMERIE DE CROZET.

Analyse

DES

MERVEILLES

DE LA CRÉATION,

D'APRÈS

LINNÉE, BUFFON, BERNARDIN DE SAINT-PIERRE, STURM, C. BONNET, PLUCHE, CUVIER, LACÉPÈDE, CHATEAUBRIAND, etc. etc.

A l'usage des maisons d'éducation;

Par A. M. Quilel.

L'ordre, la décoration, les effets de la
nature sont populaires.
LA BRUYÈRE *Des esprits forts.*

LYON,

PÉLAGAUD, LESNE ET **CROZET, IMP.-LIB.,**

successeurs de RUSAND,

Grande rue Mercière, n. 46.

1836.

PRÉFACE.

L'intérêt avec lequel a été accueillie notre première publication en ce genre, était une raison suffisante pour nous engager à faire des recherches beaucoup plus étendues sur cette matière.

Il nous a paru neuf et digne des principes que nous professons, de réunir, dans un seul cadre, les plus belles pages qui ont été écrites sur l'histoire naturelle.

Mais qu'on veuille bien y faire attention, ce ne sont point ici seulement des *morceaux choisis*, un *recueil* de différentes choses, comme il en existe tant : c'est vraiment un ouvrage complet, un traité méthodique sur les parties les plus intéressantes de l'histoire naturelle qui, s'enchaînant les unes aux autres, se prêtent un mutuel appui. Ce sont ici de véritables *contemplations de la nature.*

Seulement nous avons voulu ménager les loisirs de ceux qui ne sont pas en position de parcourir avec fruit les longs travaux que nous possédons sur ce sujet. Nous avons voulu offrir particulièrement aux jeunes gens et aux gens du monde une lecture attachante, variée, d'un attrait incessant, une lecture qui fasse aimer la vertu, en même temps qu'elle initie aux connaissances qui font le plus grand charme de la vie.

Nous avons fait concourir à ce but tout ce qu'il y a eu, et ce qu'il y a encore de plus élevé, de plus profond, de plus affectueux et de plus aimant parmi les hommes. Avec ce cortége imposant de célébrités, le Livre que nous offrons aujourd'hui pourrait-il être d'un médiocre avantage? Il pourra être remis avantageusement dans les classes, entre les mains des élèves; car, vu de son côté littéraire, il ne contient pas une page qui ne puisse être présentée comme un modèle de style ou d'éloquence.

C'est ici le langage du cœur, et il serait bien malheureux celui qui n'en sentirait pas tout le charme et toute la vérité. Ces élévations sublimes à la contemplation des œuvres de Dieu seront aux indifférents d'une utilité plus grande que ne pourraient l'être les recherches les plus profondes. Cette parole de ROUSSEAU leur sera confirmée de la manière la plus évidente : *La nature est morte pour quiconque n'y voit pas Dieu.*

Toutes les démonstrations de l'action du Créateur sur ses ouvrages sont sensibles aux yeux les moins clairvoyants ; la conduite de la Providence n'est un mystère pour personne ; aucun ne peut l'ignorer. C'est ce qui a fait dire à LA BRUYÈRE que sans rechercher les causes de tout ce que nous ne pouvons comprendre, il devait nous suffire de constater les effets sensibles de la Divinité, qui sont vraiment *populaires.*

Les sciences naturelles, si attrayantes qu'elles soient par elles-mêmes, ne sont cependant pas d'un accès facile pour tous; mais dépouillées ici de toute aridité, elles ne nous présenteront que des fleurs, des fruits et des moissons.

—

ANALYSE

DES MERVEILLES

DE LA CRÉATION.

DU CRÉATEUR.

Je me suis éveillé, et j'ai cru voir passer l'Etre éternel, immense, tout-puissant, connaissant tout; j'ai osé suivre ses traces en contemplant ses ouvrages. Même dans les plus petits, quelle énergie ! quelle sagesse ! quelle étonnante perfection ! J'ai vu que les animaux reposaient sur les végétaux, les végétaux sur les minéraux; que la terre était entraînée autour du soleil par un mouvement immuable; qu'elle en recevait la vie; que le soleil, roulant sur son axe, entraînait dans sa sphère d'activité toutes les planètes. J'ai osé méditer le système du monde, suivre par la pensée la série des soleils innombrables suspendus dans le vide, et soumis aux loix éternelles que leur a impri-

mées le premier des moteurs, l'être des êtres,
la cause première de tous les effets, celui qui
régit, anime et conserve son grand œuvre, le
maître et le grand artisan du monde. Si vous
l'appelez destin, fatalité, vous n'errerez pas,
c'est lui qui soutient tout; si vous l'appelez
nature, vous n'errerez pas, tout est né de lui
seul; si vous le nommez providence, vous par-
lerez avec justesse, c'est par ses conseils que
le monde est régi; il est tout sens, tout œil,
tout ame; le tout est lui; à peine l'esprit humain peut-il entrevoir sa surface; nous pouvons
croire que cet être qui meut, agite et pénètre la matière, est éternel, immense; qu'il
n'a été ni créé, ni engendré; c'est celui sans
lequel rien n'existe, qui a tout coordonné, qui,
en se couvrant d'un voile impénétrable, nous
éblouit cependant par les actes de sa toute-
puissance. On ne peut l'entrevoir que par la
pensée; les sens n'ont aucune prise sur son
essence; l'esprit seul peut connaître ses attributs en contemplant ses ouvrages.

LINNÉE

INTRODUCTION

A L'ÉTUDE DE LA NATURE.

Le monde est pour nous tout ce dont nos sens peuvent retirer quelque impression; ce sont les astres, les éléments et la terre. La rapidité du mouvement des astres qui ne trouve aucun obstacle, prouve qu'ils sont soumis à une loi préméditée; leur régularité prouve qu'ils n'errent pas au hasard. Si le hasard les dirigeait, suivraient-ils toujours le même ordre ? La terre, quoique mue elle-même avec rapidité, paraît immobile, placée comme au centre d'un système d'astres éclatants, qui semblent rouler régulièrement et sans interruption autour d'elle. Les astres sont des globes resplendissants, très éloignés de la terre, qui sont mus par un mouvement perpétuel. En méditant sur le système du monde, on sent qu'il est impossible qu'une si grande harmonie se conserve sans régisseur, et que des mouvements si réguliers soient soumis

1.

au hasard; car tout ce qui est dirigé par cas fortuit est sujet à varier, et ne présente rien d'uniforme et de constant.

La terre est une planète, ou globe aplati vers les pôles, qui roule sur son axe en vingt-quatre heures, et qui tourne en un an autour du soleil. Elle est enveloppée par une atmosphère formée par les éléments qui sont des corps très simples, et composés de principes discordants. Son écorce nourrit, entretient une étonnante quantité de productions organisées. Ce sont ces productions que nous devons connaître.

On distingue sur ce globe les plages sèches, découvertes, et les mers qui occupent les bas-fonds, et qui semblent se retirer peu à peu et laisser à sec les bords du continent qu'elles occupaient. Les eaux des mers réduites en vapeur par l'action de la chaleur, et pompées par l'air, se rassemblent en forme de nuages; ces vapeurs, portées par les vents, se condensent sur les crêtes des hautes montagnes, d'où elles ruissellent en filets, en torrents, et forment les rivières qui vont répandre la vie sur toute la surface du globe. Une partie de ces nuages, froissée par les vents contraires, ou rompue par l'explosion du feu électrique aérien, tombe en pluie ou en rosée. et arrose les terres éloignées des rivières. Les corps formés par les éléments mélangés et comme fixés, sont rendus par la mort et la dissolution à leurs principes primitifs, qui se réunissent de nouveau pour former d'autres corps semblables aux précédents.

La *nature* est la loi immuable de Dieu, par laquelle les choses sont ce qu'il a voulu qu'elles fussent. La nature ne produit que ce qu'il lui a ordonné de produire; elle exécute ses desseins primitifs; c'est le grand ouvrier; elle agit par ses propres forces; elle fait tout avec science sans avoir rien appris; c'est, à proprement parler, l'acte des premiers desseins; elle agit sans efforts; elle ne laisse aucun vide dans l'enchaînement de ses productions; elle travaille sourdement, mais constamment; elle suit toujours dans toutes ses opérations le plan le plus sûr; elle ne fait rien sans but déterminé; elle n'emploie rien de superflu; elle fournit à tous les êtres tout ce qui leur est nécessaire; elle est soumise à l'habitude, ne changeant jamais ses formes; ces éléments sont et les instruments et les matériaux qu'elle emploie constamment pour la régénération de tous les corps.

La nature ne produit pas ses ouvrages sur un seul plan : mais elle se plaît à varier ses desseins ; quoique ses forces soient uniformes, elle les dirige avec tant d'art qu'elle renouvelle ses formes sans diminuer la variété de ses représentations.

Les règnes de la nature qui constituent notre planète sont au nombre de trois : le minéral informe occupe l'intérieur ; il est principalement formé par les sels dans les seins de la terre ; ses mélanges paraissent faits au hasard, quoique soumis aux lois d'affinité.

Le règne végétal verdoyant semble vêtir la terre ; il pompe par des radicules aspirantes les molécules terrestres, huileuses et salines ; il pompe par ses feuilles des éléments plus subtils qui nagent dans l'air ; par une admirable fécondation, le végétal subit une métamorphose ; son module se concentre dans la semence, que plusieurs causes dispersent, suivant les stations les plus avantageuses.

Les animaux doués de sentiment ornent cette planète ; ils se meuvent à volonté ; ils respirent, se propagent par des œufs. La faim en disperse les sujets, mais l'instinct les réunit ; en consommant les végétaux, ils en empêchent la trop grande multiplication ; plusieurs d'entre eux se dévorent pour modérer le trop grand nombre des germes dont la nature est si prodigue.

L'homme, doué de l'intelligence et de la parole, la plus parfaite, comme tel, des créatures, l'homme qui porte l'empreinte de la Divinité, qui seul sur la terre peut s'élever à elle, en contemplant ses œuvres, qui seul en peut évaluer l'ordre, la beauté, qui seul peut en adorer l'auteur; l'homme reconnaît son créateur : en remontant de génération en génération, en méditant sur la conservation des êtres, il trouve toujours cet être agissant ; *mens agitat molem*. Tout l'invite à l'adoration, le mécanisme des corps qui l'environnent, leurs rapports, leurs fins, leur utilité sur ce globe.

L'action de Dieu change la terre en végétaux, transmue ceux-ci en animaux, et tous en corps humain qui, doué d'intelligence, fait réfléchir les rayons de la sagesse vers la majesté divine qui les renvoie à ses adorateurs en faisceaux resplendissants. Ainsi, le monde est plein de la gloire de Dieu, puisque toutes les créatures glorifient Dieu par l'intermède de l'homme, qui formé de la poussière, mais vivifié par la main divine, contemple la majesté de son auteur, en saisissant les causes finales. C'est un hôte reconnaissant qui prêche le nom de celui dont il a tout reçu.

En étudiant la nature dans cette vue sublime, on jouit par anticipation de la volupté céleste ; celui qui la goûte ne marche pas dans les ténèbres : on ne peut être vraiment pieux, c'est-à-dire, connaître ce que nous devons à notre créateur, sans étudier les productions naturelles, sans en connaître l'harmonie : car l'homme raisonnable est né pour connaître l'auteur de son être ; et l'étude de la nature conduit nécessairement à l'admiration des œuvres de l'Etre suprême.

LINNÉE.

AVANTAGE

DE L'ÉTUDE DE LA NATURE.

Les ames aimantes cherchent partout un objet aimable qui ne puisse plus changer : elles croient souvent le trouver dans un livre : mais je pense qu'il vaut mieux pour elles s'attacher à la nature qui, comme nous, change toujours. Le livre le plus sublime ne nous rappelle qu'un auteur mort (1), et la plus humble plante nous rappelle un auteur toujours vivant : d'ailleurs, les meilleurs ouvrages sortis de la main des hommes peuvent-ils égaler jamais celui qui est sorti de la puissance de Dieu ? L'art peut produire des milliers de Théocrites et de Virgiles ; mais la nature seule offre des milliers de paysages nouveaux en Europe, en Afrique, aux Indes, dans les deux mondes. L'art nous ramène en arrière dans un passé qui n'est

(1) Les livres saints exemptés. D'ailleurs où en trouver qui nous introduisent avec autant d'avantage à l'étude de la nature ?

plus ; la nature marche avec nous en avant, et nous porte vers un avenir qui vient à nous. Laissons-nous donc aller comme elle au cours du temps ; cherchons nos jouissances dans les eaux , les prés, les bois, les cieux et les révolutions qu' y amènent les saisons et les siècles. Ne portons point nos respects et nos regrets vers une jeunesse fugitive ; mais avançons-nous avec joie sous la protection de la Divinité vers des jours qui doivent être éternels.

Notre vie artificielle n'est fondée que sur les lois naturelles, et ces lois sont dirigées par une puissance intelligente qui se sert du soleil comme d'une main, et de ses rayons comme de plumes et de pinceaux, pour tracer sur la terre, avec les éléments aveugles et insensibles, des caractères intellectuels, dont les pensées se font sentir à l'homme qui est en quelque sorte le cœur de la nature.

BERNARDIN de SAINT-PIERRE.

Heureux celui dont le génie s'élevant audessus des sens, vole, guidé par la raison, à la découverte des véritables principes, et perce le sombre voile qui dérobe aux mortels les mystères de la nature.

Quelle est l'indifférence des hommes! Ils s'arrêtent à considérer le cours d'un ruisseau : couchés sur le gazon, à l'ombre d'un épais feuillage, ils le voient rouler en murmurant une onde pure ; la fraîcheur de ses eaux, l'émail des fleurs qui couronnent son lit, la verdure de ses bords, tout enchante leurs yeux. Peu savent goûter un plaisir plus flatteur, celui de remonter à la source même de ses eaux, d'en sonder l'origine, de pénétrer jusqu'aux réservoirs intarissables qui les produisent. Ainsi nous arrêtons presque toujours nos regards au-dehors de la matière. Le spectacle qu'elle présente nous ravit, sans attirer notre curiosité. Contents d'examiner sa forme et sa magnificence extérieure, nous effleurons à peine l'écorce des objets. Pénétrons au-delà ; osons nous frayer une route jusqu'au sanctuaire de la nature.

de Polignac.

NÉCESSITÉ

DE CHERCHER DIEU DANS L'ÉTUDE DE LA NATURE.

Comprenez quel est le mérite et le légitime usage de l'étude de la nature. Si l'homme est le seul être qui puisse sur la terre connaître son auteur, l'aimer, le louer, le posséder ; si tout ce que Dieu a placé autour de nous n'y est que pour nous conduire à lui ; toute connaissance qui nous arrête sans nous mener à Dieu est un désordre. Toute étude qui met Dieu d'un côté et la nature de l'autre est un amusement frivole, un travail perdu qui ne produit qu'enflure, qu'incertitude, qu'égarement. Accumuler dans sa tête toutes les particularités de la nature sans en connaître l'auteur ; connaître tous les biens qu'il nous fait sans en être plus religieux et plus reconnaissant, c'est faire comme ces avares ou ces riches de mauvais goût qui ne connaissent point l'usage de l'argent ni des meubles ; qui entas-

sent vaisselle sur vaisselle, tapisseries sur tapisseries, et qui font de leur maison un garde-
meuble, sans être jamais meublés.

Bien des personnes regardent l'histoire naturelle comme un moyen propre à leur orner
l'esprit. D'autres s'y appliquent pour prendre
part aux disputes des savants; quelques-uns
pour former un cabinet; la plupart pour se
procurer un délassement après des occupations
pénibles. Mais cette étude est avilie par des
vues si bornées. Le spectacle de la nature
nous est donné pour une fin plus noble. Il tend
à nous rendre meilleurs en nous inspirant un
respect tendre pour l'auteur de nos biens.
Dieu en répandant la beauté sur tous ses ouvrages a voulu attirer nos yeux : mais en nous
rendant clairvoyants sur les utilités qu'il y a
attachées, il nous en a caché la nature, la
structure et l'artifice intime sous un voile très
épais. Son intention ne pouvait être mieux marquée, il ne s'est point proposé de nous donner
ici l'intelligence de ses ouvrages, mais de nous
toucher par ses bienfaits. L'histoire naturelle
est donc l'histoire de ses présents. Plus nous y
faisons de progrès, plus nous comprenons
combien nous avons reçu.

Pluche.

Les riches et les puissants croient qu'on est misérable et hors du monde quand on ne vit pas comme eux; mais ce sont eux qui, vivant loin de la nature, vivent hors du monde. Ils vous trouveraient, ô éternelle beauté, toujours ancienne et toujours nouvelle (1); ô vie pure et bienheureuse de tous ceux qui vivent véritablement, s'ils vous cherchaient seulement au-dedans d'eux mêmes ! Si vous étiez un amas stérile d'or, ou un roi victorieux qui ne vivra pas demain, ils vous apercevraient et vous attribueraient la puissance de leur donner quelque plaisir; votre nature vaine occuperait leur vanité; vous seriez un objet proportionné à leurs pensées craintives et rampantes. Mais parce que vous êtes trop au-dedans d'eux où ils ne rentrent jamais, et trop magnifique au-dehors où vous vous répandez dans l'infini, vous leur êtes un Dieu caché (2). Ils vous ont perdu en se perdant. L'ordre et la beauté même que vous avez répandus sur toutes vos créatures comme des degrés pour élever l'homme à vous sont devenus des voiles qui vous dérobent à leurs

(1) Saint Augustin.
(1) Fénélon, *Existence de Dieu*.

yeux malades; ils n'en ont plus que pour voir des ombres; la lumière les éblouit. Ce qui n'est rien est tout pour eux; ce qui est tout ne leur semble rien. Cependant qui ne vous voit pas n'a rien vu; qui ne vous goûte point n'a jamais rien senti : il est comme s'il n'était pas, et sa vie entière n'est qu'un songe malheureux.

BERNARDIN de SAINT-PIERRE.

SPECTACLE

GÉNÉRAL DE L'UNIVERS.

Arrêtons-nous d'abord au grand objet qui attire nos premiers regards; je veux dire la structure générale de l'univers. Jetons les yeux sur cette terre qui nous porte. Regardons cette voûte immense des cieux qui nous couvre; ces abîmes d'air et d'eau qui nous environnent, et ces astres qui nous éclairent. Un homme qui vit sans réflexion ne pense qu'aux espaces qui sont auprès de lui ou qui ont quelque rapport à ses besoins. Il ne regarde la terre que comme le plancher de sa chambre, et le soleil qui l'éclaire pendant le jour, que comme la bougie qui l'éclaire pendant la nuit. Ses pensées se renferment dans le lieu étroit qu'il habite. Au contraire, l'homme accoutumé à faire des réflexions, étend ses regards plus loin, et considère avec curiosité les abîmes presque infinis dont il est environné de toutes parts. Un vaste royaume ne lui paraît alors qu'un petit

coin de terre : la terre elle-même n'est à ses
yeux qu'un point dans la masse de l'univers;
et il admire de s'y voir placé, sans savoir comment il y a été mis.

Fénélon.

Il est un Dieu; les herbes de la vallée et les
cèdres de la montagne le bénissent, l'insecte
bourdonne ses louanges, l'éléphant le salue au
lever du jour, l'oiseau le chante dans le feuillage, la foudre fait éclater sa puissance, et
l'océan déclare son immensité. L'homme seul
à dit : Il n'y a point de Dieu.

Il n'a donc jamais, l'athée, dans ses infortunes, levé les yeux vers le ciel; ou, dans
son bonheur, abaissé ses regards vers la terre?
La nature est-elle si loin de lui qu'il ne l'ait
pu contempler; ou la croit-il le simple résultat
du hasard ? Mais quel hasard a pu contraindre
une matière désordonnée et rebelle à s'arranger
dans un ordre si parfait ?

Ceux qui ont admis la beauté de la nature
comme preuve d'une intelligence supérieure,
auraient dû faire remarquer une chose qui
agrandit prodigieusement la sphère des merveilles; c'est que le mouvement et le repos,
les ténèbres et la lumière, les saisons, la marche

des astres, qui varient les décorations du monde, ne sont pourtant successifs qu'en apparence, et sont permanents en réalité. La scène qui s'efface pour nous se colore pour un autre peuple; ce n'est pas le spectacle, c'est le spectateur qui change. Réunissez donc en un même moment, par la pensée, les plus beaux accidents de la nature; supposez que vous voyez à la fois toutes les heures du jour et toutes les saisons, un matin de printemps et un matin d'automne, une nuit semée d'étoiles et une nuit couverte de nuages, des prairies émaillées de fleurs, des forêts dépouillées par les frimats, des champs dorés par les moissons, vous aurez alors une idée juste du spectacle de l'univers. Tandis que vous admirez ce soleil qui se plonge sous les voûtes de l'occident, un autre observateur le regarde sortir des régions de l'aurore. Par quelle inconcevable magie, ce vieil astre qui s'endort fatigué et brûlant dans la poudre du soir, est-il, en ce moment même, ce jeune astre qui s'éveille, humide de rosée, dans les voiles blanchissants de l'aube? A chaque moment de la journée, le soleil se lève, brille à son zénith, et se couche sur le monde.

CHATEAUBRIAND.

Le ciel est le pays des grands évènements ; mais à peine l'œil humain peut-il les saisir : un soleil qui périt et qui cause la catastrophe d'un monde ou d'un système de mondes, ne fait d'autre effet à nos yeux que celui d'un feu follet qui brille et qui s'éteint ; l'homme borné à l'atome terrestre sur lequel il végète, voit cet atome comme un monde, et ne voit les mondes que comme des atomes. Car cette terre qu'il habite, à peine reconnaissable parmi les autres globes, et tout-à-fait invisible pour les sphères éloignées, est un million de fois plus petite que le soleil qui l'éclaire, et mille fois plus petite que d'autres planètes qui, comme elle, sont subordonnées à la puissance de cet astre, et forcées à circuler autour de lui. Saturne, Jupiter, Mars, la Terre, Vénus, Mercure et le Soleil occupent la petite partie des cieux que nous appelons *notre univers*. Toutes ces planètes avec leurs satellites entraînées par un mouvement rapide dans le même sens et presque dans le même plan, composent une roue d'un vaste diamètre dont l'essieu porte toute la charge, et qui tournant lui-même avec rapidité, a dû s'échauffer, s'embraser et répandre la chaleur et la lumière jusqu'aux extrémités de la circonférence. Tant que ces mouvements dureront le soleil brillera et remplira de sa splendeur toutes les sphères du monde ; et comme dans un système où tout s'attire , rien ne peut ni se perdre ni s'éloigner sans retour , la quantité de matière restant toujours la même , cette source féconde de lumière et de vie ne s'épuise, ne tarit jamais, car les autres soleils , qui lancent aussi continuellement leurs feux , rendent à notre soleil tout autant de lumière qu'ils en reçoivent de lui.

Les comètes en beaucoup plus grand nombre que les planètes , et dépendantes comme elles de la puissance du soleil, pressent aussi sur ce foyer commun , en augmentent la charge , et contribuent de tout leur poids à son embrasement : elles font partie de notre univers, puisqu'elles sont sujettes, comme les planètes, à l'attraction du soleil ; mais elles n'ont rien de commun entre elles ni avec les planètes dans leurs mouvements d'impulsion , elles circulent chacune dans un plan différent et décrivent des orbes plus ou moins allongés dans des périodes différentes de temps, dont les une sont de plusieurs années , et les autres de quelques siècles : le soleil tournant sur lui-même, mais au reste immobile au milieu de tout, sert en même temps de flambeau, de foyer, de pivot à toutes ces parties de la machine du monde.

C'est par la grandeur même qu'il demeure immobile, et qu'il régit les autres globes; comme la force a été donnée proportionnellement à la masse, qu'il est incomparablement plus grand qu'aucune des comètes, et qu'il contient mille fois plus de matière que la plus grosse planète, elles ne peuvent ni le déranger, ni se soustraire à sa puissance, qui, s'étendant à des distances immenses, les contient toutes, et lui ramène au bout d'un temps celles qui s'éloignent le plus; quelques-unes mêmes à leur retour s'en approchent de si près, qu'après avoir été refroidies pendant des siècles, elles éprouvent une chaleur inconcevable; elles sont sujettes à des vicissitudes étranges par ces alternatives de chaleur et de froid extrêmes, aussi bien que par les inégalités de leur mouvement, qui tantôt est prodigieusement accéléré et ensuite infiniment retardé : ce sont, pour ainsi dire, des mondes en désordre, en comparaison des planètes dont les orbites étant plus réguliers, les mouvements plus égaux, la température toujours la même, semblent être des lieux de repos, où tout étant constant, la nature peut établir un plan, agir uniformément, se développer successi-vement dans toute son étendue. Parmi ces globes choisis entre les astres errants, celui que nous habitons paraît encore être privilé-gié : moins froid, moins éloigné que Saturne, Jupiter, Mars, il est aussi moins brûlant que Vénus et Mercure qui paraissent trop voisins de l'astre de lumière.

Aussi, avec quelle magnificence la nature ne brille-t-elle pas sur la terre ! Une lumière pure s'étendant de l'orient au couchant, dore successivement les hémisphères de ce globe ; un élément transparent et léger l'environne ; une chaleur douce et féconde anime, fait éclore tous les germes de vie : des eaux vives et salutaires servent à leur entretien, à leur accroissement ; des éminences distribuées dans le milieu des terres arrêtent les vapeurs de l'air, rendent ces sources intarissables et toujours nouvelles. Des cavités immenses, faites pour les recevoir, partagent les conti-nents. L'étendue de la mer est aussi grande que celle de la terre ; ce n'est point un élé-ment froid et stérile, c'est un nouvel empire aussi riche, aussi peuplé que le premier. Le doigt de Dieu en a marqué les confins ; si la mer anticipe sur les plages de l'occident, elle laisse à découvert celles de l'orient : cette masse immense d'eau inactive par elle-même, suit les impressions des mouvements célestes , elle balance par des oscillations régulières de flux et de reflux, elle s'élève et s'abaisse avec l'astre de la nuit ; elle s'élève encore plus lorsqu'il concourt avec l'astre du jour, et que tous deux, réunissant leurs forces dans le temps des équinoxes, causent les grandes marées. Notre correspondance avec le ciel n'est nulle part mieux marquée. De ces mouvements constants et généraux résultent des mouvements variables et particuliers, des transports de terre , des dépôts qui forment au fond des eaux des éminences semblables à celles que nous voyons sur la surface de la terre : des courants qui, suivant la direction des chaînes de montagnes, leur donnent une figure dont tous les angles se correspondent, et coulant au milieu des ondes comme les eaux coulent sur la terre, sont en effet les fleuves de la mer.

L'air encore plus léger, plus fluide que l'eau, obéit aussi à un plus grand nombre de puissances ; l'action éloignée du soleil et de la lune, l'action immédiate de la mer , celle de la chaleur qui le raréfie, celle du froid qui le condense, y causent des agitations continuelles:

les vents sont ses courants, ils poussent, ils assemblent les nuages; ils produisent les météores et transportent au-dessus de la surface aride des continents terrestres les vapeurs humides des plages maritimes; ils déterminent les orages, répandent et distribuent les pluies fécondes et les rosées bienfaisantes; ils troublent les mouvements de la mer; ils agitent la surface mobile des eaux, arrêtent ou précipitent les courants, les font rebrousser, soulèvent les flots, excitent les tempêtes, la mer irritée s'élève vers le ciel, et vient en mugissant se briser contre des digues inébranlables qu'avec tous ses efforts elle ne peut ni détruire ni surmonter.

La terre, élevée au-dessus du niveau de la mer, est à l'abri de ses irruptions; sa surface émaillée de fleurs, parée d'une verdure toujours renouvelée, peuplée de mille et mille espèces d'animaux différents, est un lieu de repos, un séjour de délices, où l'homme, placé pour seconder la nature, préside à tous les êtres; seul entre tous, capable de connaître et digne d'admirer, Dieu l'a fait spectateur de l'univers et témoin de ses merveilles; l'étincelle divine dont il est animé le rend participant aux mystères divins; c'est par cette lumière qu'il pense et réfléchit, c'est par elle qu'il voit et lit dans le livre du monde, comme dans un exemplaire de la divinité.

La nature est le trône extérieur de la magnificence divine ; l'homme qui la contemple, qui l'étudie, s'élève par degrés au trône intérieur de la toute-puissance ; fait pour adorer le Créateur, il commande à toutes les créatures ; vassal du ciel, roi de la terre, il l'ennoblit, la peuple et l'enrichit, il établit entre les êtres vivants, l'ordre, la subordination, l'harmonie ; il embellit la nature même, il la cultive, l'étend et la polit ; en élague le chardon et la ronce, y multiplie le raisin et la rose. Voyez ces plages désertes, ces tristes contrées où l'homme n'a jamais résidé ; couvertes ou plutôt hérissées de bois épais et noirs dans toutes les parties élevées, des arbres sans écorce et sans cime, courbés, rompus, tombant de vétusté ; d'autres, en plus grand nombre, gisant au pied des premiers, pour pourrir sur des monceaux déjà pourris, étouffent, ensevelissent les germes prêts à éclore. La nature, qui partout ailleurs brille par sa jeunesse, paraît ici dans la décrépitude ; la terre, surchargée par le poids, surmontée par les débris de ses productions, n'offre, au lieu d'une verdure

fleurissante, qu'un espace encombré, traversé
de vieux arbres chargés de plantes parasites,
de lichens, d'agarics, fruits impurs de la corruption ; dans toutes les parties basses des
eaux mortes et croupissantes faute d'être con-
duites et dirigées, des terrains fangeux, qui
n'étant ni solides ni liquides, sont inabordables
et demeurent également inutiles aux habitants
de la terre et des eaux; des marécages qui,
couverts de plantes aquatiques et fétides, ne
nourrissent que des insectes venimeux, et
servent de repaires aux animaux immondes.
Entre ces marais infects qui occupent les lieux
bas, et les forêts décrépites qui couvrent les
terres élevées, s'étendent des espèces de landes,
des savanes qui n'ont rien de commun avec nos
prairies; les mauvaises herbes y surmontent, y
étouffent les bonnes; ce n'est point ce gazon fin
qui semble faire le duvet de la terre, ce n'est point
cette pelouse émaillée qui annonce sa brillante
fécondité, ce sont des végétaux agrestes, des
herbes dures, épineuses, entrelacées les unes
dans les autres, qui semblent moins tenir à la
terre qu'elles ne tiennent entre elles, et qui,
se desséchant et repoussant successivement les
unes sur les autres, forment une bourre grossière . épaisse de plusieurs pieds. Nulle route.

nulle communication, nul vestige d'intelligence dans ces lieux sauvages; l'homme obligé de suivre les sentiers de la bête farouche, s'il veut les parcourir, contraint de veiller sans cesse pour éviter d'en devenir la proie, effrayé de ses rugissements, saisi du silence même de ces profondes solitudes, rebrousse chemin et dit : La nature brute est hideuse et mourante; c'est moi, moi seul qui peux la rendre agréable et vivante; desséchons ces marais, animons ces eaux mortes en les faisant couler, formons-en des ruisseaux, des canaux, employons cet élément actif et dévorant qu'on nous avait caché et que nous ne devons qu'à nous-mêmes; mettons le feu à cette bourre superflue, à ces vieilles forêts déjà à demi consumées; achevons de détruire avec le fer ce que le feu n'aura pu consumer : bientôt au lieu du jonc, du nénuphar, dont le crapaud composait son venin, nous verrons paraître la renoncule, le trèfle, les herbes douces et salutaires; des troupeaux d'animaux bondissants fouleront cette terre jadis impraticable; ils y trouveront une subsistance abondante, une pâture toujours renaissante, ils se multiplieront pour se multiplier encore; servons-nous de ces nouveaux aides pour achever notre

ouvrage ; que le bœuf soumis au joug emploie
ses forces et le poids de sa masse à sillonner
la terre , qu'elle rajeunisse par la culture ;
une nature nouvelle va sortir de nos mains.

Qu'elle est belle cette nature cultivée ! que
par les soins de l'homme elle est brillante et
pompeusement parée ! Il en fait lui-même le
principal ornement, il en est la production la
plus noble ; en se multipliant, il en multiplie
le germe le plus précieux , elle-même aussi
semble se multiplier avec lui ; il met au jour
par son art tout ce qu'elle recélait dans son
sein. Que de trésors ignorés , que de richesses
nouvelles ! Les fleurs , les fruits , les grains
perfectionnés , multipliés à l'infini ; les espèces
utiles d'animaux transportées , propagées ,
augmentées sans nombre ; les espèces nuisibles
réduites, confinées, reléguées ; l'or , et le fer
plus nécessaire que l'or , tirés des entrailles
de la terre ; les torrents contenus , les fleuves
dirigés , resserrés ; la mer même soumise ,
reconnue, traversée d'un hémisphère à l'autre ;
la terre accessible partout , partout rendue
aussi vivante que féconde ; dans les vallées de
riantes prairies , dans les plaines de riches
pâturages ou des moissons encore plus riches ;
les collines chargées de vignes et de fruits ;

leurs sommets couronnés d'arbres utiles et de jeunes forêts ; les déserts devenus des cités habitées par un peuple immense , qui circulant sans cesse , se répand de ces centres jusqu'aux extrémités ; des routes ouvertes et fréquentées , des communications établies partout comme autant de témoins de la force et de l'union de la société ; mille autres monuments de puissance et de gloire démontrent assez que l'homme , maître du domaine de la terre , en a changé , renouvelé la surface entière , et que de tout temps , il partage l'empire avec la nature.

BUFFON.

LE CIEL.

Quelle puissance à construit au-dessus de nos têtes une si vaste et si superbe voûte ? quelle étonnante variété d'admirables objets ! C'est pour nous donner un beau spectacle, qu'une main toute-puissante à mis devant nos yeux de si grands et de si éclatants objets. C'est pour nous faire admirer le ciel, dit Cicéron, que Dieu a fait l'homme autrement que le reste des animaux. Il est droit et lève la tête, pour être occupé de ce qui est au-dessus de lui : tantôt nous voyons un azur sombre, où les feux les plus purs étincellent : tantôt nous voyons dans un ciel tempéré les plus douces couleurs avec des nuances que la peinture ne peut imiter ; tantôt nous voyons des nuages de toutes les figures et de toutes les couleurs les plus vives, qui changent à chaque moment cette décoration par les plus beaux accidents de lumière. La succession régulière des jours et des nuits, que fait-elle entendre ? le soleil ne manque jamais, depuis tant de siècles, à servir les hommes qui ne peuvent se passer de lui. L'aurore, depuis des milliers d'années, n'a pas manqué une seule fois d'annoncer le jour. Elle le commence à point nommé au moment et au lieu réglés. Le soleil, dit l'Ecriture, sait où il doit se coucher chaque jour. Par là, il éclaire tour à tour les deux côtés du monde, et visite tous ceux auxquels il doit ses rayons. Le jour est le temps de la société et du travail : la nuit enveloppant de ses ombres la terre, finit tour à tour toutes les fatigues, et adoucit toutes les peines. Elle suspend, elle calme tout; elle répand le silence et le sommeil. En délassant les corps, elle renouvelle les esprits. Bientôt le jour revient, pour rappeler l'homme au travail, et pour ranimer toute la nature.

Fénélon.

IMMENSITÉ

DE LA CRÉATION.

Vous êtes placé, ô Lucile, quelque part sur cet atome, il faut donc que vous soyez bien petit, car vous n'y occupez pas une grande place : cependant vous avez deux yeux qui sont deux points imperceptibles, ne laissez pas de les ouvrir vers le ciel, qu'y apercevez-vous quelquefois, la lune dans son plein : elle est belle alors et fort lumineuse, quoique sa lumière ne soit que la réflexion de celle du soleil ; elle paraît grande comme le soleil, plus grande que les autres planètes et qu'aucune des étoiles, mais ne vous laissez pas tromper par les dehors : il n'y a rien au ciel de si petit que la lune ; sa superficie est treize fois plus petite que celle de la terre ; sa solidité quarante-huit fois, et son diamètre de sept cent cinquante lieues n'est que le quart de celui de la terre, aussi est-il vrai qu'il n'y a que son voisinage qui lui donne une si grande apparence, puisqu'elle n'est guère plus éloignée de nous que de trente fois le diamètre de la terre, ou que sa distance n'est que de cent mille lieues. Elle n'a presque pas même de chemin à faire en comparaison du vaste tour que le soleil fait dans les espaces du ciel, car il est certain qu'elle n'achève par jour que cinq cent quarante mille lieues, ce n'est par heure que vingt-deux mille cinq cents lieues, et trois cent soixante-quinze lieues dans une minute. Il faut néanmoins pour accomplir cette course. qu'elle aille cinq mille six cents fois plus vite qu'un cheval de poste qui ferait quatre lieues par heure ; qu'elle vole quatre-vingts fois plus légèrement que le son, que le bruit, par exemple, du canon et du tonnerre, qui parcourt en une heure deux cent soixante-dix-sept lieues.

Mais quelle comparaison de la lune au soleil pour la grandeur, pour l'éloignement, pour la course ! Vous verrez qu'il n'y en a aucune. Souvenez-vous seulement du diamètre de la terre, il est de trois mille lieues, celui du soleil est cent fois plus grand, il est donc de trois cent mille lieues. Si c'est là sa longueur en tous sens, quelle peut être toute sa superficie. quelle est sa solidité ? Comprenez-vous bien cette étendue, et qu'un million de terres comme la nôtre ne seraient toutes ensemble pas plus grosses que le soleil!!! Quel est donc, direz-vous, son éloignement, si l'on en juge par son apparence? Vous avez raison, il est prodigieux; il est démontré qu'il ne peut pas y avoir de la terre au soleil moins de dix mille diamètres de la terre, autrement moins de trente millions de lieues; peut-être y a-t-il quatre fois, six fois, dix fois plus loin, on n'a aucune méthode pour déterminer cette distance.

Pour aider seulement votre imagination à se la représenter, supposons une meule de moulin qui tombe du soleil sur la terre, donnons-lui la plus grande vitesse qu'elle soit capable d'avoir, celle même que n'ont pas les corps tombant de fort haut : supposons encore qu'elle conserve cette même vitesse, toujours sans en acquérir et sans en perdre, qu'elle parcourt quinze toises par chaque seconde de temps, c'est à-dire la moitie de l'élévation des plus hautes tours, et ainsi neuf cents toises en une minute; passons lui mille toises en une minute pour une plus grande facilité: mille toises font une demi-lieue commune, ainsi en deux minutes la meule fera une lieue, et en une heure elle en fera trente, et en un jour elle fera sept cent vingt lieues. Or, elle a trente millions à traverser avant que d'arriver à terre , il lui faudra donc quarante - un mille six cent soixante et six jours , qui font plus de cent quatorze années pour faire ce voyage. Ne vous effrayez pas , Lucile , écoutez-moi : la distance de la terre à Saturne est au moins décuple de celle de la terre au soleil , c'est vous dire qu'elle ne peut-être moindre de trois cents millions de lieues , et que cette pierre emploierait plus de onze cent quarante ans pour tomber de Saturne en terre.

Par cette élévation de Saturne élevez vous-même, si vous le pouvez, votre imagination à concevoir quelle doit être l'immensité du chemin qu'il parcourt chaque jour au-dessus de nos têtes : le cercle que Saturne décrit a plus de six cent millions de lieues de diamètre, et par conséquent plus de dix-huit cent millions de lieues de circonférence : un cheval anglais qui ferait dix lieues par heure n'aurait à courir que vingt mille cinq cent quarante huit ans pour faire ce tour.

Je n'ai pas tout dit, ô Lucile, sur le miracle de ce monde visible. Laissez-vous instruire de toute la puissance de votre Dieu. Savez-vous que cette distance de trente millions de lieues qu'il y a de la terre au soleil, et de trois cent millions de lieues de la terre à Saturne, est si peu de chose, comparée à l'éloignement qu'il y a de la terre aux étoiles, que ce n'est pas même s'énoncer assez juste que de se servir, sur le sujet de ces distances, du terme de comparaison? Quelle proportion à la vérité de ce qui se mesure, quelque grand qu'il puisse être, avec ce qui ne se mesure pas? On ne connaît point la hauteur d'une étoile, elle est, si j'ose ainsi parler, immensurable; il n'y a plus ni angles, ni sinus, ni paralaxe dont on puisse s'aider. Si un homme observait à Paris une étoile fixe, et qu'un autre la regardât du Japon, les deux lignes qui partiraient de leurs yeux pour aboutir jusqu'à cet astre, ne feraient pas un angle, et se confondraient en une seule et même ligne, tant la terre entière n'est pas espace par rapport à cet éloignement. Mais les étoiles ont cela de commun avec Saturne et avec le soleil, il faut dire quelque chose de plus. Si deux observateurs, l'un sur la terre et l'autre dans le soleil, observaient en même temps une étoile, les rayons visuels de ces deux observateurs ne formeraient point d'angle sensible. Pour concevoir la chose autrement : Si un homme était

situé dans une étoile, notre soleil, notre terre,
et les trente millions de lieues qui les séparent, lui paraîtraient un même point : cela est
démontré.

On ne sait pas aussi la distance d'une étoile
d'avec une autre étoile, quelque voisines
qu'elles nous paraissent. Les pléïades se touchent presque, à en juger par nos yeux : une
étoile paraît assise sur l'une de celles qui forment la queue de la grande Ourse, à peine la
vue peut-elle atteindre à discerner la partie
du ciel qui les sépare, c'est comme une étoile
qui paraît double. Si cependant tout l'art des
astronomes est inutile pour en marquer la distance, que doit-on penser de l'éloignement
de deux étoiles, qui en effet paraissent éloignées l'une de l'autre, et à plus forte raison
des deux polaires? Quelle est donc l'immensité de la ligne qui passe d'un pôle à l'autre, et que sera-ce que le cercle dont cette
ligne est le diamètre? Mais n'est-ce pas quelque chose de plus que de sonder les abîmes,
que de vouloir imaginer la solidité du globe
dont ce cercle n'est qu'une section? Serons-
nous encore surpris que ces mêmes étoiles si
démesurées dans leur grandeur ne nous paraissent néanmoins que comme des étincelles?

N'admirerons-nous pas plutôt que d'une hauteur si prodigieuse elles puissent conserver une certaine apparence et qu'on ne les perde pas toutes de vue? Il n'est pas aussi imaginable combien il nous en échappe. On fixe le nombre des étoiles: oui, de celles qui sont apparentes : le moyen de compter celles que l'on n'apercoit point? celles, par exemple, qui composent la voie de lait, cette trace lumineuse qu'on remarque au ciel dans une nuit sereine, du nord au midi, et qui par leur élévation extraordinaire ne pouvant percer jusqu'à nos yeux pour être vues chacune en particulier, ne font au plus que blanchir cette route des cieux où elles sont placées?

Me voilà donc sur la terre comme sur un grain de sable qui ne tient à rien, et qui est suspendu au milieu des airs : un nombre presque infini de globes de feu d'une grandeur inexprimable, et qui confond l'imagination, d'une hauteur qui surpasse nos conceptions, tournent, roulent autour de ce grain de sable, et traversent chaque jour depuis plus de six mille ans les vastes et immenses plaines des cieux. Voulez-vous un autre système, et qui ne diminue rien du merveilleux? La terre même est emportée avec une rapidité inconcevable autour du soleil, le centre de l'univers. Je me représente tous ces globes, ces corps effroyables qui sont en marche; ils ne s'embarrassent point l'un l'autre, ils ne se choquent point, ils ne se dérangent point : si le plus petit d'eux tous venait à se démentir et à rencontrer la terre, que deviendrait la terre? Tous au contraire sont en leur place, demeurent dans l'ordre qui leur est marqué, et si paisiblement à notre égard, que personne n'a l'oreille assez fine pour les entendre marcher, et que le vulgaire ne sait pas s'ils sont au monde.

DE LA BRUYÈRE.

LE SOLEIL.

Outre le cours si constant qui forme les jours et les nuits, le soleil nous en montre un autre, dans lequel il s'approche pendant six mois d'un pôle, et au bout de six mois revient avec la même diligence sur ses pas, pour visiter l'autre. Ce bel ordre fait qu'un seul soleil suffit à toute la terre. S'il était plus grand dans la même distance, il embraserait tout le monde; la terre s'en irait en poudre. Si dans la même distance il était moins grand, la terre serait toute glacée et inhabitable. Si dans la même grandeur il était plus voisin de nous, il nous enflammerait. Si dans la même grandeur il était plus éloigné de nous, nous ne pourrions subsister dans le globe terrestre faute de chaleur. Quel compas, dont le tour embrasse le ciel et la terre, a pris des mesures si justes? cet astre ne fait pas moins de bien à la partie dont il s'éloigne, pour la tempérer, qu'à celle dont il s'approche pour la favoriser de ses rayons. Ses regards bienfaisants fertilisent tout ce qu'il voit. Ce changement fait celui des saisons, dont la variété est si agréable. Le printemps fait taire les vents glacés, montre les fleurs, et promet les fruits. L'été donne les riches moissons. L'automne répand les fruits promis par le printemps. L'hiver qui est une espèce de nuit où l'homme se délasse, ne concentre tous les trésors de la terre qu'afin que le printemps suivant les déploie avec toutes les grâces de la nouveauté. Ainsi la nature, diversement parée, donne tour à tour tant de beaux spectacles, qu'elle ne donne jamais à l'homme le temps de se dégoûter de ce qu'il possède.

Mais, comment est-ce que le cours du soleil peut être si régulier ? il paraît que cet astre n'est qu'un globe de flamme très subtil, et par conséquent très fluide. Qui est-ce qui tient cette flamme si mobile et si impétueuse dans les bornes précises d'un globe parfait ? quelle main conduit cette flamme dans un chemin si droit, sans qu'elle s'échappe jamais d'aucun côté? cette flamme ne tient à rien.

et il n'y a aucun corps qui pût ni la guider ni la tenir assujettie. Elle consumerait bientôt tout corps qui la tiendrait renfermée dans son enceinte. Où va-t-elle ? qui lui a appris à tourner sans cesse, et si régulièrement, dans des espaces où rien ne la gêne ? ne circule-t-elle pas autour de nous, tout exprès pour nous servir ? Que si cette flamme ne tourne pas, et si au contraire, c'est nous qui tournons autour d'elle, je demande d'où vient qu'elle est si bien placée dans le centre de l'univers, pour être comme le foyer ou le cœur de toute la nature ? Je demande d'où vient que ce globe d'une matière si subtile ne s'échappe jamais d'aucun côté, dans ces espaces immenses qui l'environnent, et où tous les corps qui sont fluides semblent devoir céder à l'impétuosité de cette flamme ?

Enfin, je demande d'où vient que le globe de la terre, qui est si dur, tourne si régulièrement autour de cet astre, dans des espaces où nul corps solide ne le tient assujetti, pour régler son cours ? Qu'on cherche tant qu'on voudra dans la physique, les raisons les plus ingénieuses pour expliquer ce fait : toutes ces raisons (supposé même qu'elles soient vraies) se tourneront en preuves de la divinité. Plus ce ressort, qui conduit la machine de l'univers est juste, simple, constant, assuré et fécond en effets utiles, plus il faut qu'une main très puissante, et très industrieuse ait su choisir ce ressort, le plus parfait de tous.

FÉNÉLON.

LE COUCHER

DU SOLEIL DANS LES FLORIDES.

Le soleil tomba derrière le rideau d'arbres de la plaine; à mesure qu'il descendait, les mouvements de l'ombre et de la lumière répandaient quelque chose de magique sur le tableau: là, un rayon se glissait à travers le dôme d'une futaie, et brillait comme une escarboucle dans le feuillage sombre; ici, la lumière divergeait entre le tronc et les branches, et projetait sur les gazons des colonnes croissantes et des treillages mobiles. Dans les cieux, c'étaient des nuages de toutes les couleurs, les uns fixes, imitant de gros promontoires ou de vieilles tours près d'un torrent, les autres en flottant en fumée de rose ou en flocons de soie blanche. Un moment suffisait pour changer la scène aérienne : on voyait alors des gueules de four enflammées, de grands tas de braise, des rivières de laves, des paysages ardents. Les mêmes teintes se répétaient sans se confondre; le feu se détachait du feu, le jaune pâle du jaune pâle, le violet du violet : tout était éclatant, tout était enveloppé, pénétré, saturé de lumière. Mais la nature se joue du pinceau des hommes : lorsqu'on croit qu'elle a atteint sa plus grande beauté, elle sourit et s'embellit encore.

A notre droite étaient les ruines indiennes ; à notre gauche, notre camp de chasseurs ; l'île déroulait devant nous ses paysages gravés ou modelés dans les ondes. A l'orient, la lune, touchant l'horizon, semblait reposer immobile sur les côtes lointaines; à l'occident, la voûte du ciel paraissait fondue en une mer de diamants et de saphirs dans laquelle le soleil à demi-plongé avait l'air de se dissoudre.

Les animaux de la création étaient comme nous, attentifs à ce grand spectacle : le crocodile, tourné vers l'astre du jour, lançait par sa gueule béante l'eau du lac en gerbes colorées; perché sur un rameau desséché, le pélican louait à sa manière le maître de la nature, tandis que la cigogne s'enlevait pour le bénir au-dessus des nuages !

CHATEAUBRIAND

LES ASTRES.

Regardons ces voûtes immenses où brillent les astres et qui couvrent nos têtes. Si ce sont des voûtes solides, qui en est l'architecte? Qui est-ce qui a attaché tant de grands corps lumineux à certains endroits de ces voûtes, de distance en distance? Qui est-ce qui fait tourner ces voûtes si régulièrement autour de nous? Si, au contraire, les cieux ne sont que des espaces immenses remplis de corps fluides, comme l'air qui nous environne, d'où vient que tant de corps solides y flottent sans s'enfoncer jamais, et sans se rapprocher jamais les uns des autres? Depuis tant de siècles que nous avons des observations astronomiques on est encore à découvrir le moindre dérangement dans les cieux. Un corps fluide donne-t-il un arrangement si constant et si régulier aux corps qui nagent circulairement dans son enceinte ? Mais, que signifie cette multitude presque innombrable d'étoiles ? la profusion avec laquelle la main de Dieu les a répandues sur son ouvrage, fait voir qu'elles ne coûtent rien à sa puissance. Il en a semé les cieux, comme un prince magnifique répand l'argent à pleines mains, ou comme il met des pierreries sur son habit. Que quelqu'un dise, tant qu'il lui plaira, que ce sont autant de mondes semblables à la terre que nous habitons ; je le suppose pour un moment : combien doit être puissant et sage celui qui fait des mondes aussi innombrables que les grains de sable qui couvrent les rivages des mers, et qui conduit sans peine, pendant tant de siècles, tous ces mondes errants, comme un berger conduit un troupeau ! Si, au contraire, ce sont seulement des flambeaux allumés pour luire à nos yeux dans ce petit globe qu'on nomme *la terre*, quelle puissance que rien ne lasse et à qui rien ne coûte ! Quelle profusion pour donner à l'homme, dans ce petit coin de l'univers, un spectacle si étonnant !

Mais, parmi ces astres, j'aperçois la lune qui semble partager avec le soleil le soin de nous éclairer. Elle se montre à point nommé avec toutes les étoiles, quand le soleil est obligé d'aller ramener le jour dans l'autre hémisphère. Ainsi la nuit même, malgré ses ténèbres, a une lumière, sombre à la vérité, mais douce et utile. Cette lumière est empruntée du soleil, quoique absent. Ainsi tout est ménagé dans l'univers avec un si bel art, qu'un globe voisin de la terre, et aussi ténébreux qu'elle par lui-même, sert néanmoins à lui renvoyer par réflexion les rayons qu'il reçoit du soleil; et que ce soleil éclaire par la lune les peuples qui ne peuvent le voir, pendant qu'il doit en éclairer d'autres.

Le mouvement des astres, dira-t-on, est réglé par des lois immuables; je suppose le fait, mais c'est ce fait même qui prouve ce que je veux établir. Qui est-ce qui a donné à toute la nature des lois tout ensemble si constantes et si salutaires; des lois si simples, qu'on est tenté de croire qu'elles s'établissent d'elles-mêmes, et si fécondes en effets utiles, qu'on ne peut s'empêcher d'y reconnaître un art merveilleux? D'où nous vient la conduite de cette machine universelle, qui travaille sans cesse pour nous, sans que nous y pensions? A quoi attribuerons-nous l'assemblage de tant de ressorts si profonds et si bien concertés, et de tant de corps grands et petits, visibles et invisibles, qui conspirent également pour nous servir? Le moindre atome de cette machine qui viendrait à se déranger démonterait toute la nature. Les ressorts d'une montre ne sont point liés avec tant d'industrie et tant de justesse. Quel est donc ce dessein si étendu, si suivi, si beau, si bienfaisant? La nécessité de ces lois, loin de m'empêcher d'en chercher l'auteur, ne fait qu'augmenter ma curiosité et mon admiration. Il fallait qu'une main également industrieuse et puissante mît dans son ouvrage un ordre également simple et fécond, constant et utile. Je ne crains donc pas de dire avec l'Ecriture, que chaque étoile se hâte d'aller où le Seigneur l'envoie, et que, quand il parle, elles répondent avec tremblement : Nous voici; *Ecce adsumus*.

Fénélon.

ENCHAINEMENT

DE LA NATURE.

Tout est systématique dans l'univers; tout y est combinaison, rapport, liaison, enchaînement. Il n'est rien qui ne soit l'effet immédiat de quelque chose qui a précédé, et qui ne détermine l'existence de quelque chose qui suivra. Une idée entre dans la composition du monde intellectuel, comme un atome dans celle du monde physique. Si cette idée ou cet atome avaient été supprimés, il en aurait résulté un autre ordre de choses qui aurait donné naissance à d'autres combinaisons, et le système actuel aurait fait place à un système différent. Car cette idée ou cet atome tiennent à d'autres idées ou d'autres atomes, et par ceux-ci à des parties plus considérables du tout.

N'en doutons point, l'intelligence suprême a lié si étroitement toutes les parties de son ouvrage , qu'il n'en est aucune qui n'ait des rapports avec tout le système Un champignon, une mitte y entraient aussi essentiellement que le cèdre ou l'éléphant. Ainsi ces petites productions de la nature que les hommes qui ne pensent point jugent inutiles , ne sont pas des grains de poussière sur les roues de la machine du monde , ce sont de petites roues qui s'engrennent dans de plus grandes. Les éléments agissent réciproquement les uns sur les autres suivant certaines lois qui résultent de leurs rapports , et ces rapports les lient aux minéraux, aux plantes , aux animaux , à l'homme. Celui-ci , comme le principal tronc , étend ses branches sur tout le globe.

La *terre pure* est la base ou le fond de la composition des solides. Le chimiste la retrouve dans tous les corps dont il fait l'analyse , fixe, inaltérable ; elle résiste au feu le plus violent , et cette inaltérabilité de la terre élémentaire, en nous prouvant la simplicité de sa nature , nous indique qu'elle est le premier échelon de l'échelle des solides bruts. De l'union de la terre pure aux huiles, aux soufres, aux sels, etc., naissent différentes espèces de terres plus ou moins composées, qui sont la nourriture propre d'une partie des corps organisés. Les *bitumes* et les *soufres* formés principalement de matière inflammable et de terre, semblent nous conduire de la terre pure aux subtances métalliques, dans lesquels on découvre les mêmes principes essentiels, mais différemment combinés.

L'organisation apparente des pierres *feuilletées*, ou divisées par couches, telles que les *ardoises*, les *talcs*, etc. ; celle des pierres *fibreuses*, ou composées de filaments, telles que les *amianthes*, semblent constituer les points de passage des êtres *solides bruts* aux *solides organisés*.

Les solides *organisés* se divisent en deux classes générales : celle des végétaux, et celle des animaux. Il n'est pas facile de dire précisément ce qui distingue ces deux classes. On ne voit pas nettement où finit le végétal, et où commence l'animal. Et c'est là une suite de la gradation que l'auteur de la nature a observée dans ses ouvrages.

La plante qui paraît occuper l'échelon le plus bas des végétaux, est une petite masse informe où l'œil n'aperçoit qu'une sorte de marbrure sans aucunes parties distinctes; cette plante est la *truffe*, dont le microscope découvre les graines. A peu de distance, est la nombreuse famille des *champignons* et des *agarics* , qu'on prendrait pour différents genres d'excrois-sances , si l'œil muni d'un verre ne découvrait dans leurs lames , ou dans leurs cavités , des fleurs et des graines. Les *lichens* , non moins nombreux en espèces que les champignons , les touchent de fort près. Les *moisissures* semblent placées entre les champignons et les lichens. Elles aiment l'ombre et l'humidite et s'attachent à différentes espèces de corps. Les filaments , souvent cotonneux , qu'elles poussent , portent des fleurs et des graines.

En général , les plantes composent trois peuples fort distincts :

Les sujets du premier , la plupart de fort petite taille , d'une constitution délicate , lâche et abondante en humeurs , ne vivent que peu de temps ; une année est ordinairement le terme de leur vie. Les sujets du second peuple , la plupart de taille gigantesque , d'un tempé-rament robuste , durs et moins chargés d'hu-meurs , vivent plusieurs années et même plu-sieurs siècles. Les sujets du troisième peuple tiennent le milieu entre les sujets du premier et ceux du second. Les *herbes* sont ce premier peuple , les *arbres* le second , les *arbrisseaux* le troisième.

La timide *sensitive* fuit la main qui l'approche ; elle se replie promptement sur elle-même , et ce mouvement si ressemblant à ce qui se passe alors chez les animaux , paraît faire de cette plante un des liens qui unissent le règne végétal au règne animal. Un peu au-dessus de la sensitive , j'aperçois dans une espèce de calice , au fond de l'eau , un petit corps tout semblable à une fleur. Il se retire , et disparaît entièrement lorsque je veux le toucher ; il sort de son calice , et s'épanouit lorsque je le laisse à lui-même , et que je m'en éloigne ; cet animal est le *polype*.

Des animaux dont la structure paraît moins simple que celle du polype multiplient comme lui de *bouture*. Ces animaux , du genre des *vers*, nous offrent un estomac, des intestins , un cœur, des artères , des veines , des poumons, etc. Nous y suivons à l'œil la circulation du sang , et nous la voyons continuer avec la même régularité dans toutes les parties qui ont été séparées par la section. Ces vers nous conduisent aux *insectes*. Ici est l'entrée de l'empire des animaux , le plus étendu , le plus riche et le plus diversifié de ceux qui partagent notre globe.

La province de ce vaste empire qui s'offre

la première au sortir des végétaux, peut
intéresser la curiosité du voyageur, soit par
le nombre prodigieux de ses habitants, soit
par la singularité et la diversité de leurs figures.
Ce sont les pygmées, la plupart si petits,
qu'on ne saurait les voir distinctement sans le
secours du microscope. Ils portent le nom
général d'*insectes*, et ce nom leur a été donné
à cause des *incisions* plus ou moins profondes
dont le corps de plusieurs est comme partagé.
Les vers dont le corps est logé dans un tuyau
crustacé ou pierreux semblent lier les insectes
avec les *coquillages*; les coquillages touchent
aux poissons; aux reptiles, la perfection
animale commence à croître d'une manière
sensible; le nombre des organes, leur conformation et leur jeu ont ici plus d'analogie avec la
mécanique des animaux que nous jugeons les
plus parfaits. Les organes de la vision, ceux de
l'ouïe et de la circulation en sont des exemples
qu'il suffit d'indiquer. Cette analogie augmente
dans les poissons.

Du fond des eaux, je vois s'élancer dans
l'air le *poisson-volant*, dont les nageoires
ressemblent aux ailes de la chauve-souris. Ici
je crois toucher aux oiseaux. A ce nouveau
séjour répond une nouvelle décoration; aux

écailles succèdent des plumes plus composées et plus variées ; un bec prend la place des dents ; des ailes et des pieds viennent remplacer les nageoires ; des poumons intérieurs et d'une autre structure, font disparaître les ouïes ; un chant mélodieux succède à un silence profond. Des oiseaux velus, dont les oreilles saillantes, la bouche garnie de dents, le corps porté sur quatre pattes armées de griffes, sont-ils de véritables oiseaux ? Des quadrupèdes qui volent à l'aide de grandes ailes membraneuses, sont-ils de vrais quadrupèdes ? La *chauve-souris* et *l'écureuil-volant* sont ces animaux bizarres, si propres à confirmer la gradation qui est entre toutes les productions de la nature. *L'autruche* aux pieds de chèvre, qui court plutôt qu'elle ne vole, paraît un autre chaînon qui unit les oiseaux aux quadrupèdes.

La classe des *quadrupèdes* ne le cède point en variété à celle des oiseaux. Ce sont deux perspectives d'un goût différent, mais qui ont quelques points de vues analogues. Les quadrupèdes *carnassiers* répondent aux oiseaux de *proie*. Les quadrupèdes qui vivent d'herbes ou de grains répondent aux oiseaux qui se nourrissent de semblables aliments. Le *chat-*

huant est aux oiseaux ce que le *chat* est aux animaux à quatre pieds. Le *castor* semble répondre au *canard*.

Par quel degré la nature s'élèvera-t-elle jusqu'à l'homme ? Comment redressera-t-elle cette tête inclinée vers la terre ? Comment changera-t-elle ces pattes en des bras flexibles ? Comment transformera-t-elle ces pieds crochus en des mains souples et adroites ? Comment élargira-t-elle cette poitrine rétrécie ? Le *singe* est cette ébauche de l'homme, ébauche grossière, portrait imparfait, mais pourtant ressemblant, et qui achève de mettre dans son jour l'admirable progression des œuvres de Dieu.

C. BONNET.

BEAUTÉS

GÉNÉRALES DE LA NATURE.

Il suffit de jeter un coup-d'œil sur les harmonies générales de ce globe, pour être ravi d'admiration à la vue des merveilles de la nature. En ne nous arrêtant qu'à celles qui nous sont le mieux connues, voyez comme le soleil environne constamment de ses rayons une moitié de la terre, tandis que la nuit couvre l'autre de son ombre. Combien de contrastes et d'accords résultent de leurs oppositions versatiles ! Il n'y a pas un point des deux hémisphères où ne paraisse tour-à-tour une aube, un crépuscule, une aurore, un midi chargé de feux, et une nuit tantôt constellée, tantôt ténébreuse. Les saisons s'y donnent la main comme les heures du jour. Le printemps couronné de fleurs y devance le char du soleil, l'été l'environne de ses moissons, et l'automne le suit avec sa corne chargée de fruits! En vain l'hiver et la nuit, retirés sur les pôles du monde, veulent donner des bornes à sa magnifique carrière, en vain ils élèvent du sein des mers australes et boréales de nouveaux continents qui ont leurs vallées, leurs montagnes et leurs clartés; le père du jour renverse de ses flèches de feu ces ouvrages fantastiques, et sans sortir de son trône il reprend l'empire de l'univers. Rien n'échappe à sa chaleur féconde. Du sein de l'océan il élève dans les déserts les fleuves qui vont couler dans les deux mondes. Il ordonne aux vents de les distribuer sur les îles et dans les continents. Ces invisibles enfants de l'air les transportent sous mille formes capricieuses. Tantôt ils les étendent dans le ciel comme des voiles d'or et des pavillons de soie; tantôt ils les roulent en formes d'horribles dragons et de lions rugissants, qui vomissent les feux du tonnerre. Ils les versent sur les montagnes d'autant de manières différentes, en rosées, en pluies, en grêles, en neiges, en torrents impétueux. Quelque bizarres que paraissent leurs services, chaque partie de la terre n'en reçoit, tous les ans, que sa portion d'eau accoutumée. Chaque fleuve remplit son urne, et chaque naïade sa coquille. Chemin faisant ils déploient sur les plaines liquides de la mer la variété de leurs caractères : les uns rident à peine la surface de ses flots, les autres les roulent en ondes d'azur; d'autres les bouleversent en mugissant et couvrent d'écume les hauts promontoires. Chaque lieu a ses harmonies qui lui sont propres, et chaque lieu les présente tour-à-tour. Parcourez à votre gré un méridien ou un parallèle, vous y trouverez des montagnes à glaces et des montagnes à feu, des plaines de toutes sortes de niveaux, des collines de toutes les courbures, des îles de toutes les formes, des fleuves de tous les cours, les uns qui jaillissent et semblent sortir du centre de la terre; d'autres qui se précipitent en cataractes et semblent tomber des nues. Cependant, ce globe agité de tant de mouvements, et chargé de poids en apparence si irréguliers, s'avance d'une course ferme et inaltérable à travers l'immensité des cieux.

BERNARDIN DE SAINT-PIERRE.

DE LA TERRE.

Qui est-ce qui a suspendu ce globe de la terre qui est immobile? qui est-ce qui en a posé les fondements? Rien n'est, ce semble, plus vil qu'elle : les plus malheureux la foulent aux pieds. Mais c'est pourtant pour la posséder qu'on donne les plus grands trésors. Si elle était plus dure, l'homme ne pourait en ouvrir le sein pour la cultiver. Si elle était moins dure, elle ne pourrait le porter : il enfoncerait partout comme il enfonce dans le sable, ou dans un bourbier. C'est du sein inépuisable de la terre que sort tout ce qu'il y a de plus précieux. Cette masse informe, vile et grossière, prend toutes les formes les plus diverses, et elle seule donne tour-à-tour tous les biens que nous lui demandons. Cette boue si sale se transforme en mille beaux objets qui charment les yeux. En une seule année, elle devient branches, boutons, feuilles, fleurs, fruits et semences, pour renouveler ses libéralités en faveur des hommes. Rien ne l'épuise. Plus on déchire ses entrailles, plus elle est libérale. Après tant de siècles, pendant lesquels tout est sorti d'elle, elle n'est point encore usée. Elle ne ressent aucune vieillesse : ses entrailles sont encore pleines des mêmes trésors. Mille générations ont passé dans son sein. Tout vieillit, excepté elle seule : elle rajeunit chaque année au printemps. Elle ne manque point aux hommes : mais les hommes insensés se manquent à eux-mêmes en négligeant de la cultiver ; c'est par leur paresse et par leur désordre qu'ils laissent croître les ronces et les épines à la place des vendanges et des moissons. Ils se disputent un bien qu'ils laissent perdre. Les conquérants laissent en friche la terre, pour la possession de laquelle ils ont fait périr tant de milliers d'hommes, et ont passé leur vie dans une terrible agitation. Les hommes ont devant eux des terres immenses qui sont vides et incultes : et ils renversent le genre humain pour un coin de cette terre si négligée. La terre, si elle était bien cultivée, nourrirait cent fois plus d'hommes qu'elle n'en nourrit. L'inégalité même des terroirs, qui paraît d'abord un défaut, se tourne en ornement et en utilité. Les montagnes se sont élevées, et les vallons sont descendus à la place que le Seigneur leur a marquée. Ces diverses terres, suivant les divers aspects du soleil ont leurs avantages. Dans ces profondes vallées, on voit croître l'herbe fraîche pour nourrir les troupeaux. Auprès d'elles s'ouvrent de vastes campagnes revêtues de riches moissons. Ici, des côteaux s'élèvent comme un amphithéâtre, et sont couronnés de vignobles et d'arbres fruitiers. Là, de hautes montagnes vont porter leur front glacé jusque dans les nues, et les torrents qui en tombent sont les sources des rivières. Les rochers qui montrent leurs cimes escarpées, soutiennent la terre des montagnes, comme les os du corps humain en soutiennent les chairs. Cette vérité fait le charme des paysages, et en même temps elle satisfait aux divers besoins des peuples. Il n'y a point de terroir si ingrat, qui n'ait quelque propriété. Non-seulement les terres noires et fertiles, mais encore les argileuses et les graveleuses, récompensent l'homme de ses peines. Les marais desséchés deviennent fertiles : les sables ne couvrent d'ordinaire que la surface de la terre; et quand le laboureur a la patience d'enfoncer, il trouve un terroir neuf, qui se fertilise à mesure qu'on l'expose aux rayons du soleil.·

Il n'y a presque point de terre entièrement ingrate, si l'homme ne se lasse point de la remuer pour l'exposer au soleil, et s'il ne lui demande que ce qu'elle est propre à porter. Au milieu des pierres et des rochers on trouve d'excellents paturages : il y a dans leurs cavités des veines que les rayons du soleil pénètrent et qui fournissent aux plantes pour nourrir les troupeaux des sucs très savoureux. Les côtes mêmes, qui paraissent les plus stériles et les plus sauvages, offrent souvent des fruits délicieux ou des remèdes très salutaires qui manquent dans les pays les plus fertiles. D'ailleurs, c'est par un effet de la providence divine que nulle terre ne porte tout ce qui sert à la vie humaine. Car le besoin invite les hommes au commerce pour se donner mutuellement ce qui leur manque ; et ce besoin est le lien naturel de la société entre les nations : autrement tous les peuples du monde seraient réduits à une sorte seule d'habits et d'aliments; rien ne les inviterait à se connaître et à s'entrevoir.

Tout ce que la terre produit se corrompt, rentre dans son sein et devient le germe d'une nouvelle fécondité. Ainsi elle reprend tout ce qu'elle a donné pour le rendre encore. Ainsi la corruption des plantes et les excréments des animaux qu'elle nourrit, la nourrissent elle-même et perfectionnent sa stérilité. Ainsi, plus elle donne, plus elle reprend; et elle ne s'épuise jamais, pourvu qu'on sache dans sa culture, lui rendre ce qu'elle a donné. Tout sort de son sein, tout y rentre et rien ne s'y perd. Toutes les semences qui y retournent se multiplient. Confiez à la terre des grains de blé, en se pourrissant ils germent; et cette mère féconde nous rend avec usure plus d'épis qu'elle n'a reçu de grains. Creusez dans ses entrailles, vous y trouverez la pierre et le marbre pour les plus superbes édifices. Mais qui est-ce qui a renfermé tant de trésors dans son sein, à condition qu'ils se reproduisent sans cesse? Voyez tant de métaux précieux et utiles, tant de minéraux destinés à la commodité de l'homme.

Fénélon.

DE L'AIR.

L'air par sa fluidité, par sa ténuité, par sa pesanteur, et par son ressort, est, après le feu, le plus puissant agent de la nature. Il est un des grands principes de la végétation des plantes, et de la circulation des liqueurs dans tous les corps organisés. Il est le véhicule et le receptacle des particules qui s'exhalent des différentes matières; et si nous avions les yeux assez perçants pour pénétrer dans sa substance, nous y verrions l'abrégé de tous les corps qui existent sur la surface de notre globe. Des vapeurs et des exhalaisons qu'il porte dans son sein, et qu'il disperse partout, naissent les météores *aqueux* et *ignés*, si utiles, mais quelquefois si redoutables.

Non-seulement l'air reçoit les corps; il entre encore dans leur composition. Dépouillé de son élasticité, il s'unit aux particules qui le composent, et augmentent leur masse. Mais plus inaltérable que l'or, il reprend sa première nature, lorsque ces corps s'altèrent ou se décomposent. Troublé dans son équilibre par l'action du feu ou par quelque autre cause, il enfle les voiles de nos vaisseaux, et pousse vers nos contrées ces riches flottes destinées à y faire régner l'abondance. Devenu impétueux, il cause des tempêtes et des ouragans; mais cette impétuosité même a son utilité; l'air se dépouille ainsi des vapeurs nuisibles, et les eaux agitées violemment par son souffle sont préservées d'une corruption fatale. Enfin, l'air est le véhicule du son et des odeurs, et par ses nouvelles relations il tient essentiellement à deux de nos sens.

Les vibrations partielles, que la commotion excite dans le corps *sonore*, se communiquent à tous les globules d'air qui environnent immédiatement ce corps. Ces globules excitent de semblables vibrations dans ceux qui leur sont contigus; et ce jeu continue de la même manière jusques à des distances qu'on ne saurait déterminer. Une membrane fine et élastique, tendue au fond de l'oreille, comme la peau d'un tambour, reçoit ses ébranlements, et les fait passer à trois osselets, mis bout à bout, qui les communiquent à leur tour à des cavités osseuses et tortueuses, tapissées intérieurement de filets nerveux, qui aboutissent par un tronc commun au cerveau. Le plus ou le moins de promptitude dans les vibrations, produit sept tons principaux, analogues aux couleurs primitives. Du rapport combiné des différents tons, naît l'harmonie.

C. Bonnet.

Voyez-vous ce qu'on nomme l'air? c'est un corps si pur, si subtil, et si transparent, que les rayons des astres, situés dans une distance presque infinie de nous, le percent tout entier, sans peine et en un seul instant, pour venir éclairer nos yeux. Un peu moins de subtilité dans ce corps fluide nous aurait dérobé le jour, ou ne nous aurait laissé tout au plus qu'une lumière sombre et confuse, comme quand l'air est plein de brouillards épais. Nous vivons plongés dans des abîmes d'air, comme les poissons dans des abîmes d'eaux. De même que l'eau, si elle se subtilisait, deviendrait un espèce d'air qui ferait mourir les poissons; l'air, de son côté, nous ôterait la respiration s'il devenait plus épais et plus humide. Alors nous nous noierions dans les flots de cet air épaissi, comme un animal terrestre se noie dans les flots de la mer. Qui est-ce qui a purifié avec tant de justesse cet air que nous respirons ? s'il était plus épais, il nous suffoquerait ; comme s'il était plus subtil, il naurait pas cette douceur qui fait une nourriture continuelle du dedans de l'homme. Nous éprouverions partout ce qu'on éprouve sur le sommet des montagnes les plus hautes, où la subtilité de l'air ne fournit rien d'assez humide et d'assez nourrissant pour les poumons. Mais quelle puissance invisible excite et apaise si soudainement les tempêtes de ce grand corps fluide ? celles de la mer n'en sont que les suites. De quels trésors sont tirés les vents qui purifient l'air, qui attiédissent les saisons brûlantes, qui tempèrent la rigueur des hivers, et qui changent en un instant la face du ciel ? sur les ailes de ces vents volent les nuées d'un bout de l'horison à l'autre. On sait que certains vents règnent en certaines mers, dans des saisons précises. Ils durent un temps réglé, et il leur en succède d'autres, comme tout exprès, pour rendre les navigations commodes et régulières. Pourvu que les hommes soient patients et aussi ponctuels que les vents, ils feront sans peine les plus longues navigations.

Fénélon.

L'AIR ATMOSPHÉRIQUE.

L'air que nous respirons et au milieu duquel nous vivons n'est point un élément, c'est-à-dire un corps simple ; il est composé de deux autres corps invisibles comme lui, mais qui ont chacun des propriétés particulières et même opposées ; ces corps qui nous entourent habituellement se nomment *gaz*, et l'air qui entretient notre existence est composé d'un cinquième de *gaz oxigène* et de quatre cinquièmes environ de *gaz azote*. Ce sont là les proportions de l'air pur, c'est-à-dire de celui qui est le plus propre à alimenter la vie et la combustion.

Il fallait bien la réunion de ces deux gaz pour former l'air vital ; car l'oxigène seul eût été trop vif, il aurait usé la vie comme il dévore les corps enflammés ; et l'azote, au contraire, aurait éteint immédiatement et la vie et la combustion.

L'air est huit cent fois plus léger que l'eau : mais cependant il pèse, car le poids d'un pied cube d'air est d'environ une once et demie.

Plus l'air est froid plus il pèse ; plus il est chaud, plus il est léger : aussi l'air chaud tend toujours à s'élever, et se trouve continuellement remplacé par l'air froid, qui est plus pesant que lui, et c'est ce courant continuel qui produit certains *vents*, et qui est la cause du tirage des cheminées et des fourneaux.

Lorsqu'on s'élève sur les très hautes montagnes, on éprouve un malaise général, qui tient à la diminution du poids de la couche d'air qui nous presse de toutes parts et qui est moins forte que dans les pays plats voisins de la mer.

L'air est indispensable à la combustion : plus on en fait tomber à la fois sur les corps enflammés, plus ils brûlent avec activité, et tel est l'effet des soufflets domestiques et des soufflets de forges.

L'air est diaphane et sans couleur lorsqu'il est en petites masses ; mais c'est à lui que nous devons cette belle couleur du ciel que l'œil admire et dont il ne se lasse jamais. L'air propage le son, il le porte au loin, et c'est

encore à lui que nous devons les effets sublimes de la musique, l'écho, le bruit des clo-
ches, etc. La lumière le traverse sans aucun
obstacle ; il est élastique et compressible, c'est-
à-dire que l'on peut, à l'aide de certaines machines, comprimer ou tasser l'air dans un
vase, comme on tasse quelque chose que l'on
veut faire entrer dans le plus petit espace possible. Abandonné à lui-même, il reprend sa
place ordinaire, comme tout autre corps
élastique.

Il ne faut pas confondre l'*air* avec l'*atmosphère* ; l'air compose la plus grande partie de
l'atmosphère, mais il est mêlé à une foule
d'autres substances gazeuses et légères, parmi lesquelles on distingue l'eau réduite en
vapeur, le fluide électrique, la lumière, plusieurs gaz, etc. Toutes les fumées, toutes les
émanations des matières en putréfaction, tous
les liquides qui s'évaporent ou qui se dessè-
chent à la surface de la terre, s'échappent en
l'air par suite de leur légèreté, et vont se
mêler à lui pour former l'atmosphère proprement dite, dont la densité ou la pesanteur va
toujours en diminuant à mesure qu'elle s'éloigne de la terre : on lui accorde assez généra-
ment de 13 à 16 lieues d'épaisseur.

BRARD.

MINISTÈRE DES VENTS.

Ici, comme dans toutes ses œuvres, le Créateur manifeste sa sagesse et sa bonté ; il règle le mouvement, la force et la durée des vents, et il leur prescrit la carrière qu'ils doivent parcourir. Lorsqu'une longue sécheresse fait languir les animaux et dessécher les plantes, un vent qui vient du côté de la mer, où il s'est chargé de vapeurs bienfaisantes, abreuve les prairies et ranime toute la nature. Cette mission accomplie, un vent sec accourt de l'orient, rend à l'air sa sérénité, et ramène le beau temps. Le vent du nord emporte et précipite toutes les vapeurs nuisibles de l'air d'automne. A l'âpre vent du septentrion succède le vent du sud, qui, naissant des contrées méridionales, remplit tout de sa chaleur vivifiante. Ainsi, par ces variations continuelles, la fertilité et la santé sont maintenues sur la terre.

Cousin-Despréaux.

4

Du sein de l'océan s'élèvent dans l'atmosphère des fleuves qui vont couler dans les deux mondes. Dieu ordonne aux vents de les distribuer et sur les îles et sur les continents; ces invisibles enfants de l'air les transportent sous mille formes diverses ; tantôt il les étendent dans le ciel comme des voiles d'or et des pavillons de soie ; tantôt ils les roulent en formes d'horribles dragons et de lions rugissants qui vomissent les feux du tonnerre; ils les versent sur les montagnes en rosées, en pluies, en grêles, en neiges, en torrents impétueux. Quelque bizarres que paraissent leurs services, chaque partie de la terre en reçoit tous les ans sa portion d'eau accoutumée. Chemin faisant, ils déploient sur les plaines liquides de la mer la variété de leurs caractères; les uns rident à peine la surface de ses flots, les autres les roulent en ondes d'azur ; ceux-ci les bouleversent en mugissant et couvrent d'écume les plus hauts promontoires.

BERNARDIN DE SAINT-PIERRE.

Les vents de mer se lèvent d'ordinaire vers les neuf heures du matin, quelquefois plus tôt et quelquefois plus tard : d'abord ils s'approchent de terre si doucement qu'on dirait qu'ils craignent de la froisser ; tantôt ils soufflent en légères bouffées, et, comme s'ils ne voulaient pas se rendre importuns, ils font halte, et semblent incertains s'ils vont se retirer. J'ai souvent pris plaisir, sur le bord de la mer, à observer toutes ces variations, et sur mer, j'en ai plus d'une fois tiré avantage.

Aux approches de ce vent, la mer qui est entre la terre et le vent est unie comme une glace : d'abord il ride l'eau tout doucement et lui donne une teinte noirâtre; une demi-heure après qu'il a atteint la terre, il souffle avec un peu plus d'ardeur, et sa force va toujours croissant jusqu'à midi, alors il est au plus haut degré de son énergie et continue ainsi jusqu'à deux ou trois heures; après trois heures il commence à s'apaiser, vers cinq heures plus ou moins, et suivant le temps, il cesse et ne reparaît que le lendemain.

Les vents de terre sont aussi remarquables qu'aucun de ceux dont j'ai fait mention, et tout différents des vents de mer ; ceux-ci soufflent droit dans la côte, ceux-là soufflent de la côte. Les vents de mer ne soufflent que le jour et se reposent la nuit : les vents de terre ne soufflent que la nuit et se reposent le jour ; ainsi chacun d'eux a son tour. Aussitôt que les brises de mer ont rempli leur mission en parcourant leurs côtes respectives , dans la soirée elles s'en éloignent et ne se font plus sentir ; au même instant les brises de terre , mues par une puissance supérieure , sortent de leurs retraites et s'emparent de la nuit. Elles agitent doucement les airs jusqu'au lendemain matin , et , leur tâche finie , elles disparaissent à leur tour.

On ne saurait assigner d'une manière précise le temps où ces vents commencent , ni celui auquel ils cessent ; ils ne sont pas d'une exactitude rigoureuse. Ordinairement ils se lèvent entre la sixième et la douzième heure de la nuit , et continuent jusqu'à six , huit ou dix heures du matin. Ils se lèvent et tombent plus tôt ou plus tard , selon le temps , la saison de l'année , ou quelque cause accidentelle de la terre. Sur certaines côtes , ces vents se lèvent plus tôt , soufflent plus fort , et durent plus long-temps que sur d'autres.

Ces vents soufflent au large plus ou moins , selon que la côte est plus ou moins ouverte aux vents de mer. Dans quelques endroits ils ont de la fraîcheur à trois ou quatre lieues de la terre; dans d'autres, ils ne dépassent pas cette distance; quelquefois ils ne s'éloignent pas des rochers. Si parfois, dans un beau temps, il leur arrive de s'échapper un mille ou deux, ils ne sont pas de durée et s'éteignent presque aussitôt, quoiqu'il y ait, toutes les nuits, sur les côtes, un vent aussi frais qu'en aucune partie du monde.

DAMPIER.

DE L'EAU.

Regardons ce qu'on appelle l'eau. C'est un corps liquide, clair et transparent. D'un côté, il coule, il échappe, il s'enfuit; de l'autre, il prend toutes les formes des corps qui l'environnent, n'en ayant aucune par lui-même. Si l'eau était un peu plus raréfiée, elle deviendrait une espèce d'air; toute la face de la terre serait sèche et stérile; il n'y aurait que des animaux volatiles; nulle espèce d'animal ne pourrait nager, nul poisson ne pourrait vivre; il n'y aurait aucun commerce par la navigation. Quelle main industrieuse a su épaissir l'eau en subtilisant l'air, et distinguer si bien ces deux espèces de corps fluides? Si l'eau était un peu plus raréfiée, elle ne pourrait plus soutenir ces prodigieux édifices flottants qu'on nomme *vaisseaux*; les corps les moins pesants s'enfonceraient d'abord dans l'eau. Qui

est ce qui a pris le soin de choisir une si juste con-
figuration des parties et un degré si précis de
mouvement pour rendre l'eau si fluide, si
insinuante, si propre à échapper, si incapable
de toute consistance, et néanmoins si forte
pour porter, et si impétueuse pour entrainer
les plus pesantes masses ? Elle est docile.
l'homme la mène comme un cavalier mène son
cheval sur la pointe des racines ; il la distribue
comme il lui plaît, il l'élève sur les montagnes
escarpées, et se sert de son poids pour lui
faire des chutes, qui la font remonter autant
qu'elle est descendue. Mais l'homme qui mène
les eaux avec tant d'empire est à son tour mené
par elles. L'eau est une des plus grandes forces
mouvantes que l'homme sache employer pour
suppléer à ce qui lui manque dans les arts les
plus nécessaires, par la petitesse et par la
faiblesse de son corps. Mais ces eaux, qui,
nonobstant leur fluidité, sont des masses si
pesantes, ne laissent pas de s'élever au-dessus
de nos têtes et d'y demeurer long-temps suspendues. Voyez-vous ces nuages qui volent
comme sur les ailes des vents ? s'ils tombaient
tout-à-coup par de grosses colonnes d'eaux,
rapides comme des torrents, ils submerge-
raient et détruiraient tout dans l'endroit de

leur chute, et le reste des terres demeurerait aride. Quelle main les tient dans ces réservoirs suspendus, et ne leur permet de tomber que goutte à goutte, comme si on les distillait par un arrosoir? D'où vient qu'en certains pays chauds, où il ne pleut presque jamais, les rosées de la nuit sont si abondantes, qu'elles suppléent au défaut de la pluie, et qu'en d'autres pays, tels que les bords du Nil et du Gange, l'inondation régulière des fleuves en certaines saisons pourvoit à point nommé aux besoins des peuples pour arroser les terres? Peut-on s'imaginer des mesures mieux prises pour rendre tous les pays fertiles? Ainsi, l'eau désaltère non-seulement les hommes, mais encore les campagnes arides; et celui qui nous a donné ce corps fluide l'a distribué avec soin sur la terre, comme les canaux d'un jardin. Les eaux tombent des hautes montagnes où leurs réservoirs sont placés; elles s'assemblent en gros ruisseaux dans les vallées; les rivières serpentent dans les vastes campagnes pour mieux les arroser; elles vont enfin se précipiter dans la mer pour en faire le centre du commerce à toutes les nations. Cet océan, qui semble être mis au milieu des terres pour en faire une éternelle séparation, est au contraire le rendez-vous de tous les peuples, qui ne pourraient aller par terre d'un bout du monde à l'autre qu'avec des fatigues, des longueurs et des dangers incroyables. C'est par ce chemin sans trace, au travers des abîmes, que l'ancien monde donne la main au nouveau, et que le nouveau prête à l'ancien tant de commodités et de richesses. Les eaux distribuées avec tant d'art font une circulation dans la terre comme le sang circule dans le corps humain; mais, outre cette circulation perpétuelle de l'eau, il y a encore le flux et le reflux de la mer. Ne cherchons point les causes de cet effet si mystérieux. Ce qui est certain, c'est que la mer vous porte et reporte précisément aux mêmes lieux, à certaines heures. Qui est-ce qui la fait retirer, et puis revenir sur ses pas avec tant de régularité? Un peu plus, un peu moins de mouvement dans cette masse fluide déconcerterait toute la nature; un peu plus de mouvement dans les eaux qui remontent inonderait des royaumes entiers. Qui est-ce qui a su prendre des mesures si justes dans des corps immenses? qui est-ce qui a su éviter le trop et le trop peu? quel doigt a marqué à la mer la borne immobile qu'elle doit respecter dans la suite de tous les siècles, en lui disant : Là vous viendrez briser l'orgueil de vos vagues ? Mais ces eaux si coulantes deviennent tout-à-coup, pendant l'hiver, dures comme des rochers. Les sommets des hautes montagnes ont même en tout temps des glaces et des neiges, qui sont les sources des rivières, et qui, abreuvant les pâturages, les rendent plus fertiles. Ici les eaux sont douces pour désaltérer l'homme; là elles ont un sel qui assaisonne et rend incorruptible nos aliments. Enfin, si je lève la tête, j'aperçois dans les nues, qui volent au-dessus de nous, des espèces de mer suspendues, pour tempérer l'air, pour arrêter les rayons enflammés du soleil, et pour arroser la terre quand elle est trop sèche. Quelle main a pu suspendre sur nos têtes ces grands réservoirs d'eau? quelle main prend soin de ne les jamais laisser tomber que par des pluies modérées ?

Fénélon.

L'eau n'est point un élément, comme on le croyait autrefois ; car c'est un fluide composé de deux gaz, comme l'air, c'est-à-dire d'une partie de *gaz oxigène*, et deux parties de *gaz hydrogène*, autrement nommé *gaz in-flammable*.

L'eau liquide qui nous intéresse le plus, pèse 70 livres (35 kilog.) le pied cube. On ne peut la comprimer ou lui faire tenir moins de place qu'elle n'en tient naturellement, qu'en employant des moyens extraordinaires. L'eau qui tombe du ciel est à peu près aussi pure que l'eau distillée, et dans cet état c'est un liquide sans saveur, sans couleur et sans odeur ; mais les eaux qui s'échappent du sein de la terre, qui donnent naissance aux sources, aux fontaines, aux ruisseaux, et par suite aux rivières et aux fleuves qui vont se jeter dans la mer, ces eaux contiennent presque toujours quelques substances terreuses ou salines en dissolution ; quand ces substances sont assez abondantes pour donner un goût, ou pour influer sur la santé de ceux qui les boivent, elles prennent le nom d'*eaux minérales*, et quand elles sont naturellement chaudes, on les nomme *eaux thermales*.

L'eau, comme la plupart des autres liquides, a la propriété de s'évaporer, surtout quand le soleil darde ses rayons à sa surface. Cette eau qui s'échappe ainsi, se mêle à l'air sans en altérer la pureté ; mais cependant

quand elle s'y accumule en trop grande quantité, elle nous dérobe une partie de la lumière, donne naissance aux nuages, aux
brouillards, à la pluie ou à la neige.

La glace n'est autre chose que de l'eau
rendue solide par l'effet du froid. Dans ce
nouvel état, l'eau a perdu sa fluidité, sa mo-
bilité; elle ressemble à du cristal; elle a aug-
menté de volume et est devenue plus légère,
puisque l'on voit nager les glaçons à la surface
des rivières qui charrient, et cette augmentation de volume, cette espèce de gonflement
est la cause qui fait casser nos cruches quand
l'eau qu'elles contiennent vient à s'y congeler.
L'eau salée ou l'eau qui est mêlée à quelque
liqueur spiritueuse, se sépare et se congèle
seule; c'est pour cette raison que les glaçons
de la mer ne sont point salés, et que l'on parvient à rendre le vin fort et spiritueux en le
faisant geler et en le soutirant avant le dégel;
c'est un moyen d'en séparer l'eau.

La neige est le produit d'un brouillard épais
que le froid change en une infinité de petits
glaçons imperceptibles qui, en se réunissant,
forment le plus ordinairement de légers flocons irréguliers, qui tombent avec plus ou
moins d'abondance, et qui couvrent la terre

d'une couche plus ou moins épaisse, dont l'effet est de préserver du plus grand froid les végétaux qu'elle cache. Il arrive quelquefois, et principalement quand l'air est tranquille, que chaque particule de neige a la forme d'une jolie petite étoile à six rayons d'une délicatesse extrême, et qui ressemble à de petites plumes.

L'eau réduite en vapeur au moyen du feu que l'on entretient sous un vase ou par l'effet de la chaleur du soleil, tient plus de 1700 fois autant de place que l'eau liquide, c'est-à-dire qu'un pied cube d'eau produit 1700 pieds cubes de vapeur, et c'est à cause de cette grande augmentation de volume et de la force énorme qui en est le résultat, que la vapeur d'eau devient capable de produire des effets beaucoup plus étonnants que ceux de la poudre à canon.

Brard.

DE LA MER.

La première chose qui se présente c'est l'immense quantité d'eau qui couvre la plus grande partie du globe ; ces eaux occupent toujours les parties les plus basses, elles sont aussi toujours de niveau, et elles tendent perpétuellement à l'équilibre et au repos ; cependant nous les voyons agitées par une forte puissance, qui, s'opposant à la tranquillité de cet élément, lui imprime un mouvement périodique et réglé, soulève et abaisse alternativement les flots, et fait un balancement de la masse totale des mers en les remuant jusqu'à la plus grande profondeur. Nous savons que ce mouvement est de tous les temps, et qu'il durera autant que la lune et le soleil qui en sont les causes.

Considérant ensuite le fond de la mer, nous

y remarquons autant d'inégalités que sur la surface de la terre ; nous y trouvons des hauteurs, des vallées, des plaines, des profondeurs, des rochers, des terrains de toute espèce ; nous voyons que toutes les îles ne sont que les sommets de vastes montagnes qui sont presque à fleur d'eau ; nous y remarquons des courants rapides qui semblent se soustraire au mouvement général : on les voit se porter quelquefois constamment dans la même direction, quelquefois rétrograder et ne jamais excéder leurs limites, qui paraissent aussi invariables que celles qui bornent les efforts des fleuves de la terre. Là, sont ces contrées orageuses où les vents en fureur précipitent la tempête, où la mer et le ciel, également agités, se choquent et se confondent ; ici, sont des mouvements intestins, des bouillonnements, des trombes et des agitations extraordinaires, causées par les volcans dont la bouche submergée vomit le feu du sein des ondes et pousse jusqu'aux nues une épaisse vapeur mêlée d'eau, de souffre et de bitume ; plus loin, je vois ces gouffres dont on n'ose approcher, qui semblent attirer les vaisseaux pour les engloutir ; au-delà, j'aperçois ces vastes plaines toujours calmes et tranquilles, mais tout aussi dangereuses, où les vents n'ont jamais exercé leur empire, où l'art du nautonnier devient inutile, où il faut rester et périr. Enfin, portant les yeux jusqu'aux extrémités du globe, je vois ces glaces énormes qui se détachent des continents des pôles, et viennent, comme des montagnes flottantes, voyager et se fondre jusque dans les régions tempérées.

Voilà les principaux objets que nous offre le vaste empire de la mer; des milliers d'habitants de différentes espèces en peuplent toute l'étendue : les uns couverts d'écailles légères, en traversent avec rapidité les différents pays; d'autres, chargés d'une épaisse coquille, se traînent pesamment et marquent avec lenteur leur route sur le sable; d'autres, à qui la nature a donné des nageoires en formes d'ailes, s'en servent pour s'élever et se soutenir dans les airs; d'autres enfin, à qui tout mouvement a été refusé, croissent et vivent attachés aux rochers; tous trouvent dans cet élément leur pâture. Le fond de la mer produit abondamment des plantes, des mousses et des végétations encore plus singulières; le terrain de la mer est de sable, de gravier, souvent de vase, quelquefois de terre ferme, de

coquillages, de rochers, et partout il ressemble
à la terre que nous habitons.

BUFFON.

Rien n'est plus imposant que l'aspect de
l'océan vu du haut d'une côte élevée au pied
de laquelle les ondes viennent se briser en
mugissant. Rien de plus terrible et de plus
sublime que la mer, lorsque la tempête soulève
ses flots et amoncelle ses vagues irritées : mais
en même temps rien de plus utile que ce même
élément. L'océan, par ses exhalaisons qui
rafraîchissent et humectent l'air, entretient
la vie végétale et fournit les aliments nécessaires
à ces admirables canaux d'eau courante, qui
coulent toujours et qu'entretiennent des sources
qui ne tarissent jamais. Sans ces vapeurs qui,
à chaque instant, s'échappent de la surface
des mers, la terre languirait déserte et inani-
mée. Ce vaste amas d'eau sert également à
engloutir et à décomposer beaucoup de mauvais
gaz et de débris du règne animal et du règne
végétal. Enfin, l'océan, en ouvrant un vaste
champ au commerce, rend voisines les nations
les plus éloignées.

Il y a des endroits dans la mer où l'on n'a

pas trouvé de fond, parce que les instruments dont on se sert ordinairement sont trop petits pour en sonder toute la profondeur.

La salure et l'amertume des eaux de mer les rendent désagréables au goût et inutiles pour l'usage de l'homme. Aussi les marins, quoique nageant au milieu des eaux, se voient quelquefois exposés à mourir de soif lorsque leur provision d'eau douce est épuisée.

La couleur de la mer varie beaucoup : elle est en général d'un bleu verdâtre foncé qui, vers les côtes, devient plus clair.

MALTEBRUN.

PERSPECTIVE

DE LA NATURE SUR LES MERS.

Le vaisseau sur lequel nous passions en Amérique, s'étant élevé au-dessus du gisement des terres, bientôt l'espace ne fut plus tendu que du double azur de la mer et du ciel, comme une toile préparée pour recevoir les futures créations de quelque grand peintre. La couleur des eaux devint semblable à celle du verre liquide. Une grosse houle venait du couchant, bien que le vent soufflât de l'est ; d'énormes ondulations s'étendaient du nord au midi, et ouvraient, dans leurs vallées, de longues échappées de vue sur les déserts de l'océan. Ces mobiles paysages changeaient d'aspect à toute minute : tantôt une multitude de tertres verdoyants représentaient des sillons de tombeaux dans un cimetière immense ; tantôt les lames , en faisant moutonner leurs cimes , imitaient des troupeaux blancs répandus sur des bruyères : souvent l'espace semblait borné faute de point de comparaison , mais si une vague venait à se lever, un flot à se courber comme une côte lointaine, un es-cadron de chiens de mer à passer à l'horizon , l'espace s'ouvrait subitement devant nous. On avait surtout l'idée de l'étendue , lorsqu'une brume légère rampait à la surface de la mer , et semblait accroître l'immensité même. Oh ! qu'alors les aspects de l'océan sont grands et tristes ! dans quelles rêveries ils vous plongent, soit que l'imagination s'enfonce sur les mers du nord au milieu des frimats et des tempêtes, soit qu'elle aborde sur les mers du midi , à des îles de repos et de bonheur!

Il nous arrivait souvent de nous lever au milieu de la nuit, et d'aller nous asseoir sur le pont, où nous ne trouvions que l'officier de quart et quelques matelots qui fumaient leur pipe en silence. Pour tout bruit, on entendait le froissement de la proue sur les flots, tandis que des étincelles de feu couraient avec une blanche écume le long des flancs du navire. Dieu des chrétiens ! c'est surtout dans les eaux de l'abîme, et dans les profondeurs des cieux, que tu as gravé bien fortement les traits de ta toute-puissance ! Des millions d'étoiles rayonnant dans le sombre azur du dôme céleste, la lune au milieu du firmament, une mer sans rivage, l'infini dans le ciel et sur les flots : jamais tu ne m'as plus troublé de ta grandeur que dans ces nuits où, suspendu entre les astres et l'océan, j'avais l'immensité sur ma tête et l'immensité sous mes pieds !

CHATEAUBRIAND.

GLACES POLAIRES.

La mer, à partir d'environ 15 degrés du pôle, est couverte de glaces immenses, les unes fixes, les autres mobiles. Celles-ci se forment plus au sud et sont susceptibles de se réunir. Les premières, on le devine aisément, ne fondent jamais en totalité, à moins que quelque chaleur extraordinaire ou quelque circonstance que nous ne connaissons pas, n'en détermine la rupture. Les glaces alors se détachent par blocs énormes et avec un bruit affreux. Des courants les charrient jusque sous des latitudes plus méridionales, où elles achèvent de se fondre. Le phénomène, que l'on appelle vulgairement la fonte des glaces polaires, semble se renouveler à des époques assez éloignées les unes des autres ; c'est par lui que l'on explique certains refroidissements remarquables qui se font sentir dans les zones tempérées et torrides. Ces glaces errantes sont, comme toutes les autres glaces mobiles, sujettes à se dissoudre, soit entre elles, soit avec la masse de laquelle elles se sont détachées.

On comprend combien de dangers les navires courent au milieu de ces blocs gigantesques, qui roulent avec une force d'impulsion terrible, et qui d'ailleurs peuvent, en se réunissant, les enfermer. Ce péril est une des causes principales qui jusqu'ici ont empêché les navires de parvenir au pôle même. Pour en comprendre l'imminence et la grandeur, il faut se figurer que ces glaces sont comme de véritables îles. La mer de Baffin est souvent fermée par des blocs qui ont 100 lieues de long, et qui contiennent des montagnes de 400 pieds d'élévation. Wafer a pris pour des îles des glaces fixes (hautes de 500 pieds), et l'avoue franchement. Quelquefois ces glaces sont chargées de grosses pierres, et d'autres de racines qui donnent au bloc l'aspect d'une terre animée par la végétation.

Quand des blocs aussi énormes flottent çà et là autour d'un vaisseau, il n'est pas étonnant qu'en se réunissant, ils forment autour de lui une ceinture qu'il ne peut franchir. Des bâtimens ont été ainsi pris au milieu des glaces, et ont eu le bonheur de les voir ensuite se diviser et laisser un passage libre. D'autres, au contraire, ont dû rester enfermés et perdre tous leurs passagers. On a rencontré ainsi au milieu des mers glaciales, un navire bloqué par les glaces et rempli de cadavres de passagers tous morts de faim ; l'excès du froid avait conservé les cadavres sans altération. Sans être enfermé, un vaisseau pourrait être écrasé par le choc de deux blocs de glaces, tant est grande la force que le mouvement leur imprime ! Le craquement que font entendre les blocs en se froissant, annonce assez avec quelle facilité ces masses aveugles briseraient le frêle ouvrage que la main de l'homme a lancé sur l'eau. Souvent le bois que roule cette mer s'enflamme par le frottement violent que le mouvement des glaces leur fait éprouver, et les flammes s'élèvent du sein de l'hiver éternel.

PARISOT.

LES NUAGES
DES TROPIQUES.

Lorsque j'étais en pleine mer, et que je n'avais d'autre spectacle que le ciel et l'eau, je m'amusais quelquefois à dessiner les beaux nuages blancs et gris, semblables à des groupes de montagnes qui voguaient à la suite les uns des autres sur l'azur des cieux. C'était surtout sur la fin du jour qu'ils développaient toutes leurs beautés en se réunissant au couchant où ils se revêtaient des plus riches couleurs, et se combinaient sous les formes les plus magnifiques.

Un soir, environ une demi-heure avant le coucher du soleil, le vent alizé de sud-est se ralentit, comme il arrive d'ordinaire vers ce temps. Les nuages qu'il voiture dans le ciel à des distances égales comme son souffle, devinrent plus rares, et ceux de la partie de

5

l'ouest s'arrêtèrent et se groupèrent entre eux
sous les formes d'un paysage. Ils représentaient une grande terre formée de hautes
montagnes, séparées par des vallées profondes
et surmontées de rochers pyramidaux. Sur
leurs sommets et leurs flancs, apparaissent
des brouillards détachés semblables à ceux qui
s'élèvent des terres véritables. Un long fleuve
semblait circuler dans leurs vallons et tomber
çà et là en cataractes ; il était traversé par un
grand pont, appuyé sur des arcades à demi-
ruinées. Des bosquets de cocotiers, au centre
desquels on entrevoyait des habitations, s'élevaient sur les groupes et les profils de cette
île aérienne. Tous ces objets n'étaient point
revêtus de ces riches teintes de pourpre, de
jaune doré, de nacarat, d'émeraude, si communes le soir dans ces parages : ce paysage
n'était point un tableau colorié : c'était une
simple estampe, où se réunissaient tous les
accords de la lumière et des ombres. Il repré-
sentait une contrée éclairée, non en face, des
rayons du soleil, mais, par derrière, de leurs
simples reflets. En effet, dès que l'astre du
jour se fut caché derrière lui, quelques-uns
de ces rayons décomposés éclairèrent les arcades demi-transparentes du pont, d'une cou-

leur ponceau, se réflétèrent dans les vallons,
et au sommet des rochers, tandis que des
torrents de lumière couvraient ses contours de
l'or le plus pur, et divergeaient vers les
cieux comme les rayons d'une gloire ; mais la
masse entière resta dans sa demi-teinte obscure, et on voyait autour des nuages qui s'élevaient de ses flancs, les lueurs des tonnerres
dont on entendait les roulements lointains.
On aurait juré que c'était une terre véritable,
située environ à une lieue et demie de nous.
Peut-être était-ce une de ces réverbérations
célestes de quelque île très éloignée, dont les
nuages nous répétaient la forme par leurs
reflets ; et les tonnerres par leurs échos. Plus
d'une fois des marins expérimentés ont été
trompés par de semblables aspects. Quoiqu'il
en soit, tout cet appareil fantastique de magnificence et de terreur, ces montagnes surmontées de palmiers, ces orages qui grondaient
sur leurs sommets, ce fleuve, ce pont, tout
disparaît à l'arrivée de la nuit, comme les illusions du monde aux approches de la mort.
L'astre des nuits, la triple Hécate, qui répète par des harmonies plus douces celles de
l'astre du jour, en se levant sur l'horison,
dissipa l'empire de la lumière, et fit régner

celui des ombres. Bientôt des étoiles innombrables et d'un éclat éternel brillèrent au sein des ténèbres. Oh! si le jour n'est lui-même qu'une image de la vie, si les heures rapides de l'aube, du matin, du midi et du soir, représentent les âges fugitifs de l'enfance, de la jeunesse, de la virilité et de la vieillesse, la mort, comme la nuit, doit nous découvrir aussi de nouveaux cieux et de nouveaux mondes.

BERNARDIN DE SAINT-PIERRE.

LE MESCHACEBÉ.

Les deux rives du Meschacebé présentent le tableau le plus extraordinaire. Sur le bord occidental, des savanes se déroulent à perte de vue ; leurs flots de verdure, en s'éloignant, semblent monter dans l'azur du ciel où ils s'évanouissent. On voit, dans ces prairies sans bornes, errer à l'aventure des troupeaux de trois ou quatre mille buffles sauvages. Quelquefois un bison, chargé d'années, fendant les flots à la nage, vient se coucher parmi les hautes herbes dans une île du Meschacebé.

Telle est la scène sur le bord occidental ; mais elle change tout-à-coup sur la rive opposée, et forme, avec la première, un admirable contraste. Suspendus sur le cours des ondes, groupés sur les rochers et sur les montagnes, dispersés dans les vallées, des arbres de toutes les formes, de toutes les couleurs, de tous les parfums, se mêlent, se croisent ensemble, montent dans les airs à des hauteurs qui fatiguent les regards. Les vignes sauvages, les coloquintes, s'entrelacent au pied de ces arbres, escaladent leurs rameaux, grimpent à l'extrémité des branches, s'élancent de l'érable au tulipier, en formant mille grottes, mille voûtes, mille portiques. Souvent égarées d'arbre en arbre, ces lianes traversent des bras de rivière, sur lesquelles elles jettent des ponts et des arches de fleurs. Du sein de ces massifs embaumés, le superbe magnolier relève son cône immobile; surmonté de ses larges roses blanches, il domine toute la forêt, n'a d'autre rival que le palmier, qui balance légèrement auprès de lui ses éventails de verdure.

Une multitude d'animaux, placés dans ces belles retraites par la main du Créateur, y répandent l'enchantement et la vie. De l'extrémité des avenues on aperçoit des ours enivrés de raisins, qui chancellent sur les branches des ormeaux; des troupes de cariboux se baignent dans un lac; des écureuils noirs se jouent dans l'épaisseur des feuillages; des oiseaux moqueurs, des colombes virginiennes de la grosseur d'un passereau, descendent sur les gazons rougis par les fraises; des perro-

quets verts , à tête jaune ; des piverts empourprés ; des cardinaux de feu grimpent en
circulant au haut des cyprès ; des colibris
étincellent sur le jasmin des Florides , et des
serpents oiseleurs sifflent suspendus aux dômes
des bois , en s'y balançant comme des lianes.

CHATEAUBRIAND.

LA CATARACTE

DE NIAGARA

Nous arrivâmes bientôt au bord de la cataracte qui s'annonçait par d'affreux mugissements. Elle est formée par la rivière Niagara, qui sort du lac Érié et se jette dans le lac Ontario; sa hauteur perpendiculaire est de cent quarante-quatre pieds, depuis le lac Érié jusqu'au saut; le fleuve arrive toujours en déclinant par une pente rapide; et, au moment de la chute, c'est moins un fleuve qu'une mer, dont les torrents se pressent à la bouche béante d'un gouffre. La cataracte se divise en deux branches et se courbe en fer à cheval. Entre les deux chutes s'avance une île, creusée en dessous, qui pend, avec tous ses arbres, sur le chaos des ondes. La masse du fleuve qui se précipite au midi s'arrondit en vaste cylindre, puis se déroule en nappe de neige, et brille au soleil de toutes les couleurs; celle qui tombe au levant, descend dans une ombre effrayante, on dirait une colonne d'eau du déluge. Mille arcs-en-ciel se courbent et se croisent sur l'abîme. L'onde, frappant le roc ébranlé, rejaillit en tourbillons d'écume qui s'élèvent au-dessus des forêts, comme les fumées d'un vaste embrasement. Des pins, des noyers sauvages, des rochers taillés en forme de fantômes, décorent la scène. Des aigles, entraînés par le courant d'air, descendent en tournoyant au fond du gouffre, et des carcajoux se suspendent par leurs longues queues au bout d'une branche abaissée, pour saisir dans l'abîme les cadavres brisés des élans et des ours.

CHATEAUBRIAND.

LE FEU.

—

Voyez-vous ce feu qui paraît allumé dans les astres et qui répand partout sa lumière? Voyez-vous cette flamme que certaines montagnes vomissent, et que la terre nourrit de soufre dans ses entrailles? Ce même feu demeure paisiblement caché dans les veines des cailloux, et il y attend à éclater, jusqu'à ce que le choc d'un autre corps l'excite, pour ébranler les villes et les montagnes. L'homme a su l'allumer et l'attacher à tous ses usages, pour plier les plus durs métaux, et pour nourrir avec du bois, jusque dans les climats les plus glacés, une flamme qui lui tient lieu de soleil quand le soleil s'éloigne de lui. Cette flamme se glisse subtilement dans toutes les semences; elle est comme l'ame de tout ce qui vit; elle consume tout ce qui est impur, et renouvelle ce qu'elle a purifié. Le feu prête sa force aux hommes faibles. Il enlève tout-à-coup les édifices et les rochers. Mais veut-on le borner à un usage plus modéré? il réchauffe l'homme, il cuit les aliments. Les anciens admirant le feu, ont cru que c'était un trésor céleste que l'homme avait dérobé aux dieux.

FÉNÉLON.

Le feu, répandu dans toute la nature, nous offre une infinité de rapports : bornons-nous à parcourir les plus intéressants. Fluide, subtil, élastique, abondant, sans cesse agité, le feu pénètre tous les corps ; il les échauffe, il les dilate, il les brûle, il les fond, il les calcine, il les vivifie, il les volatilise, il les dissipe suivant l'espèce de leur composé ou de leurs principes. Invisible de sa nature, il ne devient visible qu'en empruntant un corps. Il s'unit secrètement à une substance inflammable et inconnue que le chimiste nomme phlogistique, et pourvu de ce corps étranger, il s'allie à d'autres corps et entre dans leur composition. C'est encore par une semblable union qu'il se rend sensible dans les expériences électriques, tantôt sous la forme d'aigrettes lumineuses, tantôt sous celles de couronnes, d'éclairs, d'étincelles, etc., et qu'il détonne, éclate, frappe, perce, brûle, enflamme.

Par une douce agitation, le feu vivifie tous les corps organisés, et les conduit par degré à leur parfait accroissement. Il fomente la branche dans le bouton, la plante dans la graine, l'embryon dans l'œuf. Il donne à nos aliments les préparations convenables ; il nous soumet les métaux à la formation desquels il préside. C'est lui qui nous met en état de leur faire prendre, ainsi qu'à diverses matières, toutes les formes que nos besoins ou nos commodités exigent ; c'est de lui que nous tenons, en particulier, cette matière transparente, qui étendue en feuilles minces, ou façonnée en manière de tuyaux, de vases, de globes, de lentilles, etc., nous fournit différentes sortes de meubles ou d'intruments, et nous enrichit de nouveaux yeux qui, en suppléant à la faiblesse des nôtres, nous aident à découvrir les plus petits objets, et rapprochent de nous les plus éloignés.

De l'action du feu sur les terres, sur les soufres, sur les huiles, sur les sels, résultent les diverses espèces de fermentations, d'effervescences, de mélanges, objets des recherches du chimiste, et l'ame des trois règnes. Concentré par les lentilles ou par les miroirs de toute espèce, il acquiert une force bien supérieure à celle de notre feu de réverbère le plus ardent, et dans un instant, il réduit le bois vert en charbon, calcine les pierres, fond et vitrifie les métaux.

Excité, rassemblé, condensé, modifié, extrait, dirigé, appliqué par les machines électriques, il devient la source féconde de mille phénomènes, que l'art multiplie et diversifie chaque jour. Tantôt extrait d'un globe de verre par le frottement, il coule avec une rapidité inconcevable le long d'un fil de fer qu'on lui présente, et va faire sentir son impression à des corps légers placés à une lieue du globe. Tantôt appliqué par le même moyen à des membres paralysés, il y rétablit la vie et le mouvement. Présent à toute l'atmosphère, il s'accumule dans les nuées orageuses, d'où l'art sait encore l'extraire. C'est encore le feu qui communique à l'air et à l'eau réduite en vapeurs, cette prodigieuse force qui les rend capables d'ébranler la terre et de rompre les corps les plus durs.

C. Bonnet.

Le feu circule sans cesse autour de nous,

et s'il ne se meut pas toujours, il est toujours prêt à se mouvoir. De là vient que pour le manifester à nos yeux, il ne faut que le choc de deux corps solides. Au premier coup il se montre, et jette au loin des étincelles brillantes, en saisissant les particules que la pierre a détachées du métal. Deux liqueurs mêlées ensemble fermentent, s'enflamment et se dissipent en fumée ; c'est qu'elles renfermaient des sels et des soufres hétérogènes, dont le conflit a suffi pour mettre en mouvement le feu qui résidait en elles. Le feu réside aussi dans les entrailles de la terre ; il y affine l'or et les autres métaux, et la chaleur dont il remplit les mines, raréfie l'air renfermé dans ces profondes cavernes. Si la chute de quelques rochers, en fermant l'issue, empêche cet air de s'exhaler dans l'air libre, les efforts qu'il fait pour rompre ses liens, produisent alors ces tremblements de terre si terribles. C'est ainsi que se forme le tonnerre dans la région supérieure de l'atmosphère. Un nuage composé de vapeurs et d'exhalaisons bitumineuses, contient de plus un grand nombre de particules de feu, séparées d'abord les unes des autres ; mais le froid vient-il à condenser l'air, elles se rassemblent aussitôt vers le centre ; alors elles s'agitent, roulent sur elles-mêmes, échauffent le bitume, le bitume s'enflamme, la flamme dilate l'air, qui rompt avec un bruit terrible les barrières glacées que le froid oppose à son impétuosité; le ciel retentit, le trait part, et traçant un sillon tortueux, porte soudain un coup rapide. C'est cette activité du feu, dont les effets sont si multipliés depuis que les hommes, non contents d'avoir abusé du fer, ont emprunté, pour se détruire, le secours de ce redoutable élément. Un art meurtrier imite aujourd'hui la foudre, et produit des volcans dont la fureur fait trembler la terre, et renverse les plus forts remparts.

Il n'est donc pas étonnant que l'air entretienne et redouble la violence des flammes, au point qu'une étincelle suffit quelquefois pour embraser d'immenses forêts. Comme ce fluide est rempli de particules ignées qui nagent oisives et dispersées dans son sein, tout ce qui s'en trouve à portée de celles dont l'agitation a commencé l'incendie, s'y joignent en foule; et tant qu'il reste quelque matière combustible, cet ébranlement se transmet à d'autres par une communication suivie. Ce n'est qu'après avoir consumé tous les soufres qu'elles cessent de luire. Voilà pourquoi les vents irritent la fureur des flammes, et qu'ils en étendent si loin les ravages. Pour empêcher qu'elles ne se ralentissent dans les forges, on emploie d'énormes soufflets; les flots d'air qu'ils versent dans ces ardentes fournaises, y conservent l'activité du feu, en augmentant le nombre et l'agitation des particules ignées. C'est ainsi que l'air puisé par nos poumons anime le sang et le remplit de feux éthérés. Le liquide dans lequel ils nagent les tempère en les séparant, et porte avec eux dans tous les membres une chaleur bienfaisante. La région du cerveau est sans cesse abreuvée par de douces vapeurs; les plus subtiles et les plus pures arrosent ces tablettes molles où se tracent et se conservent les différentes images; le reste se distribue dans les nerfs et dans les organes de nos sens.

de **Polignac.**

SPECTACLE DE LA NUIT.

Quand l'homme veut profiter de la faible clarté ou de la fraîcheur bienfaisante que la nuit lui ramène, il ne voit plus, il est vrai, les mêmes beautés dans son séjour. Tout y est moins marqué et moins animé; mais comme le jour lui donne son spectacle, la nuit lui donne aussi le sien. Celui-ci a des grâces qui lui sont propres et d'un caractère tout différent.

Nous ne pouvons douter que ces grands globes de feu qui éclairent de si loin notre nuit, n'aient chacun en particulier une destination propre qui réponde dans les desseins de Dieu à la magnificence de leur appareil. Ensuite remarquons que ces feux innombrables deviennent pour l'homme, par ce bel arrangement, des milliers de lustres suspendus aux riches lambris qui couvrent sa demeure. Il les voit briller et étinceler de toutes parts, et l'azur sombre qui leur tient lieu de fond, en rend encore l'éclat plus vif. Mais leurs traits sont doux : leurs rayons se dispersent dans des espaces si vastes, qu'ils sont émoussés et sans chaleur quand ils parviennent à la demeure de l'homme. Il jouit ainsi par la précaution du Créateur de la vue d'une multitude de globes tout en feu, sans aucun risque ni pour la fraîcheur de sa nuit, ni pour la tranquillité de son sommeil.

La nuit n'est pas bornée aux feux des étoiles. Elle en a d'autres qui éclaircissent mieux les ombres, et qui y forment des peintures d'un nouveau goût. La lune surtout tire de l'obscurité les objets les plus voisins de nous, et répand un coloris qui en change agréablement toute l'apparence. La lune elle-même est alors le plus bel objet de la nature. Elle réjouit les yeux par la douceur de sa clarté, et varie la scène en changeant tous les jours de figure. Elle recule tous les jours d'occident en orient le lieu de son lever. Tantôt elle prend une robe cendrée et bordée presque en entier d'un simple fil d'or. Tantôt elle prend un habit de pourpre, et monte sur l'horizon avec une taille beaucoup plus grande qu'à l'ordinaire. Elle diminue ensuite et blanchit en s'élevant : elle devient plus éclatante et d'un service plus utile à mesure que le jour fuit : et soit qu'elle ne se montre qu'en partie , soit qu'elle paraisse en entier, elle met partout de nouveaux ornements dans la nature, en sortant tout-à-coup du milieu des nuages, et en s'y cachant tour-à-tour; tantôt en lançant ses rayons au travers de quelques feuillages épais; tantôt en se parant d'une couronne de différentes couleurs que les nuées lui prêtent, ou bien en attachant tous les yeux sur elle, lorsque la terre placée entre le soleil et la lune jette son ombre sur celle-ci, et semble l'échancrer peu à peu, ou l'obscurcir totalement.

Mais si la nuit devient belle et délicieuse, c'est surtout lorsque les ardeurs de l'été rendent le jour incommode. Elle fait goûter à l'homme tous les agréments qui le peuvent dédommager : elle réunit les longs crépuscules, l'odeur des jardins et des prairies et la douce fraîcheur de l'air. Elle offense moins ses yeux qu'elle ne les amuse par mille petits feux qui s'échappent des vapeurs de la terre, par des éclairs qui enflamment légèrement le bord des nuées, ou par les traits du feu boréal dont elle embellit souvent le côté du nord, à moins qu'elle ne les fasse voltiger d'un bout de l'horizon à l'autre.

Quelquefois la terre comme le ciel semble

parsemée d'étoiles. Les femelles de vers luisants qui se tenaient cachées sous terre durant le jour, viennent respirer l'air, et toute la campagne brille alors de nouveaux feux. Elles sont destituées d'ailes pour aller chercher compagnie; mais elles ont un éclat plus vif que celui du diamant, et cette lumière les fait apercevoir dans l'obscurité par le mâle, qui a reçu des ailes pour les aller joindre, sans avoir comme elles le privilége de la beauté.

PLUCHE.

Après le spectacle d'un beau jour, en est-il de plus imposant que celui d'une belle nuit, lorsque le ciel sans nuages nous découvre ses plaines azurées où l'or semble mêler son éclat aux diamants dont elles sont semées ? Que le manteau de la nuit est riche et pompeux ! Sous cet aspect elle n'a rien d'affreux; elle répand sur son passage une rosée bienfaisante qui abreuve les fleurs, les feuilles et les plantes desséchées par l'ardeur du jour, et elle entretient dans l'air cette douce humidité nécessaire à la végétation. Elle est comme la mesure du sommeil de la nature; elle étend un voile sur l'homme et sur les animaux pendant leur repos, qu'elle environne d'un majestueux silence. A l'ombre de ses ailes, tout ce qui respire sur la terre, dans les airs, dans les eaux, se délasse des travaux du jour. Ses ténèbres ne sont point celles du chaos, car elle a sa lumière, son ordre et son harmonie qu'on admire et qui ne le cède qu'à celle du jour.

Ce c'est point, il est vrai, cet éclat éblouissant du soleil qui fait tout disparaître, excepté lui, dans les cieux, et nous découvre tout sur la terre ; la nuit, au contraire, nous cache la terre, et veut que nous ne soyons plus occupé que du spectacle des cieux, dont, sans elle, les astres brillants nous seraient inconnus.

C'est donc quand le soleil aura disparu sous l'horizon, quand la nuit aura étendu son voile sur la voûte céleste, que nous pourrons nous livrer à la science qui nous intéresse. Que de charmes dans l'étude de ces étoiles, soleils lointains dont l'énorme distance fait la petitesse apparente ! que de charmes dans l'étude de ces groupes où l'imagination des peuples crut tantôt lire les destinées du genre humain, tantôt voir l'image des hommes que l'apothéose avait transportés au ciel.

Ajasson de Grandsagne.

UNE NUIT

DANS LES DÉSERTS DU NOUVEAU MONDE.

Une heure après le coucher du soleil, la lune se montra au-dessus des arbres; à l'horizon opposé, une brise embaumée qu'elle amenait de l'orient avec elle, semblait la précéder, comme sa fraîche haleine dans les forêts. La reine des nuits monta peu à peu dans le ciel : tantôt elle suivait paisiblement sa course azurée, tantôt elle reposait sur des groupes de nues, qui ressemblaient à la cime des hautes montagnes couronnées de neige. Ces nues, ployant et déployant leurs voiles, se déroulaient en zones diaphanes de satin blanc, se dispersaient en légers flocons d'écume, ou formaient dans les cieux des bancs d'une ouate éblouissante, si douce à l'œil, qu'on croyait ressentir leur mollesse et leur élasticité.

La scène, sur la terre, n'était pas moins

ravissante; le jour bleuâtre et velouté de la lune descendait dans les intervalles des arbres, et poussait des gerbes de lumières jusque dans l'épaisseur des plus profondes ténèbres. La rivière qui coulait à mes pieds, tour-à-tour se perdait dans les bois, tour-à-tour reparaissait toute brillante des constellations de la nuit, qu'elle répétait dans son sein. Dans une vaste prairie, de l'autre côté de cette rivière, la clarté de la lune dormait sans mouvements sur les gazons. Des bouleaux agités par les brises, et dispersés çà et là dans la savane, formaient des îles d'ombres flottantes, sur une mer immobile de lumière. Auprès, tout était silence et repos, hors la chute de quelques feuilles, le passage brusque d'un vent subit, les gémissements rares et interrompus de la hulotte; mais au loin, par intervalles, on entendait les roulements solennels de la cataracte de Niagara, qui, dans le calme de la nuit, se prolongeait de désert en désert, et expirait à travers les forêts solitaires.

La grandeur, l'étonnante mélancolie de ce tableau, ne sauraient s'exprimer dans des langues humaines; les plus belles nuits en Europe ne peuvent en donner une idée. En vain, dans nos champs cultivés, l'imagination cherche à s'étendre ; elle rencontre de toutes parts les habitations des hommes ; mais dans ces pays déserts, l'ame se plaît à s'enfoncer dans un océan de forêts , à errer aux bords des lacs immenses, à planer sur le gouffre des cataractes , et , pour ainsi dire, à se trouver seule devant Dieu.

CHATEAUBRIANT.

SPECTACLE DU JOUR.

Aucun jour n'étant, à parler exactement, égal à celui qui l'a précédé, ni à celui qui le suit, et le passage d'une saison à l'autre étant continuel, il faut nécessairement que tous les jours le soleil coupe l'horizon à son lever et à son coucher dans des points différents ; et que, selon l'expression de l'Ecriture, un jour porte au jour qui suivra un nouvel ordre ; que la nuit marque aussi à la nuit suivante en quel temps elle doit commencer et finir, et que la nature en suspens apprenne à chaque moment de celui qui la conduit, ce qu'elle doit faire et jusqu'où elle doit aller. Quelles merveilles ! et de quelles réflexions n'est-elle pas digne ? Qui a dit au soleil : Ne commencez pas demain le jour où vous l'avez commencé aujourd'hui ; et ne le finissez pas aujourd'hui où vous le finîtes hier ? Qui lui a mesuré l'espace entre deux levers, afin qu'il ne passe pas cette mesure ? Qui lui a ordonné de revenir sur ses pas lorqu'il a touché certaines bornes (1) ? Et qui lui a défendu, quand il est arrivé au point opposé, de passer au-delà ? Où sont ces barrières dans un espace liquide et où tout paraît égal ? Qui a lié le soleil au sentier étroit de l'écliptique dont il ne s'écarte jamais ? Qui a laissé aux autres planètes, et principalement à la lune, plus de liberté, mais à condition de ne passer jamais la largeur du zodiaque ? C'est vous, Seigneur, unique législateur dans la nature et dans la religion, qui avez établi des règles pour toutes les créatures; et qui avez montré par l'immutabilité des lois que vous avez prescrites au ciel, à la terre, quoique vous ayez pu en établir de différentes, combien vous êtes jaloux de ces lois invariables, et qui sont, comme vous, éternelles.

L'abbé Duguet.

Le ciel et la terre changent chaque moment. Chaque moment amène une nouveauté. Ce cercle qui blanchissait l'azur des cieux du

(1) Les Tropiques

côté de l'orient, s'élargit et s'élève. Les objets qu'on pouvait à peine entrevoir, commencent à se démêler nettement. Il est jour et le crépuscule à fait place à l'aurore.

Mais ne nous occupons pas tellement du bien et des présents qu'on nous fait que nous ne donnions aussi quelque attention à l'agrément qui les assaisonne. Je vois tout le tour de l'horison s'enflammer insensiblement du plus beau rouge : les nuages prennent partout des couleurs vives et variées, les bords des plus épais deviennent des franges plus brillantes que l'argent : les légères vapeurs qui traversent l'orient s'y convertissent en or : le verd des plantes affaibli par les goutes de rosée qui les couvrent leur donnent la douceur et l'éclat des perles. Mais quelque belle que soit la nature en ce moment, nous sommes encore plus attentifs à ce qu'elle nous fait attendre, que touchés de ce qu'elle nous montre. On sent par les accroissements perpétuels de l'aurore qu'elle nous annonce quelque chose de plus parfait. Elle est un milieu plein de douceur qui en se fortifiant par degrés facilite à nos yeux le passage des ténèbres au grand jour. Un moment ajoute quelque chose à celui qui l'a précédé. Nous allons de lumière

6..

en lumière : nous souhaitons d'en voir la plénitude. Ce qui nous est accordé pour le présent ne nous en donne que l'avant-goût, et nous fait soupirer après celui qui en est le principe. Il y a une heure marquée où il paraîtra dans toute sa gloire ; ce moment n'est pas loin : mais il est encore attendu.

La nature nous offre enfin ce qu'elle a de plus grand : le soleil se lève. Un premier rayon échappé de dessus les montagnes, qui nous le dérobaient encore, coule rapidement d'un bout de l'horizon à l'autre. De nouveaux traits suivent et fortifient le premier. Peu à peu la rondeur du soleil se dégage : il se montre en entier et s'avance dans le ciel avec une majesté qui attire et arrête sur lui tous les yeux. Je ne vois plus à présent qu'un seul flambeau dans toute la vaste étendue des cieux, et non-seulement il efface tous les autres en me dédommageant de la perte de leurs lumières, par la supériorité de la sienne, mais il jette dans la nature un éclat qui en change toute la face.

PLUCHE.

L'homme reconnaît son séjour, et le trouve

embelli. La verdure a pris, durant la nuit, une vigueur nouvelle ; le jour naissant qui l'éclaire, les premiers rayons qui la dorent, la montrent couverte d'un brillant réseau de rosée, qui réfléchit à l'œil la lumière et les couleurs. Les oiseaux en chœur se réunissent et saluent de concert le père de la vie : en ce moment pas un seul ne se tait. Leur gazouillement, faible encore, est plus lent et plus doux que dans le reste de la journée : il se sent de la langueur d'un paisible réveil. Le concours de tous ces objets porte aux sens une impression de fraîcheur qui semble pénétrer jusqu'à l'ame. Il y a là une demi-heure d'enchantement auquel nul homme ne résiste : un spectacle si grand, si beau, si délicieux, n'en laisse aucun de sang-froid.

J. J. Rousseau.

DURÉE RELATIVE

DE LA PLUS LONGUE NUIT.

Rien n'est plus varié que la durée de la plus longue nuit sur les divers points du globe, depuis l'équateur jusqu'aux contrées les plus septentrionales. Tandis qu'à Quito, placé sous la ligne, la plus longue nuit est de douze heures, elle dure quatorze heures et quatorze minutes à Ispahan, quinze heures cinquante minutes à Paris, environ seize heures à Strasbourg, un peu plus de dix-huit à Stockholm, vingt à Drontheim en Norwège, et vingt-deux heures quatorze minutes à Tornéo dans la Finlande. Mais cette durée n'est rien en comparaison de la longue nuit qui couvre la terre, en hiver, dans les contrées polaires. Elle est à Wardhuus, dans la Laponie-Norwégienne, de neuf semaines et demie ; au Cap-Nord, de dix semaines et quatre jours, et de trois mois et dix jours dans l'île Melwill, visitée en 1820 par le capitaine Parry. L'horreur des ténèbres est le plus souvent tempérée dans ces régions glacées par l'éclat de la neige, la clarté des étoiles, et surtout par la lueur appelée *aurore boréale*. En revanche, six mois après, les jours sont de la même longueur que les nuits de l'hiver. Si, à l'époque du solstice d'hiver, le soleil n'est visible à Tornéo que pendant une heure et quarante-quatre minutes, vers le solstice d'été il éclaire cette contrée pendant plus de vingt-deux heures de suite, et dans l'île de Melwill il ne disparaît pas de l'horizon pendant plus de trois mois consécutifs. En hiver, dans la partie septentrionale de la Suède, à neuf heures du matin les étoiles étincellent encore au ciel; à Noël, les habitants vont à l'église avec des lanternes, et au sortir du temple le soleil se lève; trois heures après le crépuscule recommence, et à quatre heures ils peuvent se promener à la lueur d'une aurore boreale. Mais en récompense, cinq ou six mois après arrivent de longs jours; avant deux heures du matin les oiseaux saluent joyeusement le lever du soleil, et ses premiers rayons dorent les campagnes; vers dix heures, seulement du soir, le roi du jour descend de son char radieux , lorsque déjà les oiseaux dorment sous le feuillage du tilleul, et que les habitants sont plongés dans un profond sommeil ; trois heures après les alouettes saluent une nouvelle aurore.

Traduit de l'allemand
de Banto de Lœwenigh.

DES COULEURS.

Les admirables rapports que la sagesse divine a établis entre la lumière et les surfaces des différents corps, d'où naissent les *couleurs*, méritent toute notre attention.

Un rayon qui tombe sur un prisme de verre, s'y rompt, et s'y divise en sept rayons principaux, qui portent chacun leur couleur propre. L'image oblongue que produit cette sorte de réfraction présente donc sept bandes colorées, distribuées dans un ordre constant. La première bande, en comptant de la partie supérieure de l'image, est *rouge*, la seconde *orangée*, la troisième *jaune*, la quatrième *verte*, la cinquième *bleue*, la sixième *indigo*, la septième *violette*; ces bandes ne tranchent point, mais l'œil passe des unes aux autres par gradations ou par nuances. Les rayons qui portent les couleurs les plus hautes, comme le rouge, l'orangé, le jaune, sont ceux qui se *rompent* ou se courbent le moins dans le prisme. Ils sont aussi ceux qui se réfléchissent les premiers, lorsqu'on incline l'instrument. Il suit de là, que chaque rayon a son *essence* ou son degré de *réfrangibilité*. Faites passer en même temps, par plusieurs prismes, un de ces rayons, il ne vous donnera pas de nouvelles couleurs, mais il conservera constamment sa couleur primitive ; preuve invincible de son *immutabilité*. Aux sept rayons divisés par le prisme, présentez une lentille, vous les réunirez de nouveau en un seul rayon, qui vous offrira une image ronde, d'un blanc éclatant. Ne prenez avec la lentille que cinq à six de ces rayons, vous n'aurez qu'un blanc sale ; réunissez seulement deux rayons, vous ferez une couleur qui tiendra de l'une et de l'autre. Un trait de lumière est donc un faisceau de sept rayons dont la réunion forme le blanc, et dont la division produit sept couleurs principales et *immuables*.

Quelle est maintenant la source de cette diversité infinie des couleurs qui différencie les corps, et qui embellit toutes les parties de notre demeure ? Les *lamelles* ou les particules

qui composent la surface des corps , sont
autant de petits prismes, différemment inclinés,
qui rompent la lumière et réfléchissent différentes couleurs. L'or divisé en lames très
minces paraît bleu , opposé au grand jour. Les
matières qui rongent et qui divisent le tissu
des parties changent leurs teintes. Le plus ou
le moins d'épaisseur des lamelles contribue
donc à la diversité des couleurs.

D'où vient ce bel azur qui teint la voûte
céleste ? Le fond du ciel est noir , ce fond vu
en travers de la couche d'air qui nous environne , doit nous paraître bleu par transmis-
sion. D'où procède cette riante verdure qui
pare nos campagnes et réjouit nos yeux ? Les
lamelles de la surface des plantes ont été faites
et disposées de manière qu'elles ne renvoient
que les rayons verts , tandis qu'elles donnent
un libre passage aux autres rayons. Si le ver
réjouit notre vue , c'est qu'il tient précisément
le milieu entre les sept couleurs principales.
Mais qui pourrait demeurer insensible aux
soins que la nature a pris d'écarter ici l'uniformité , en multipliant si fort les nuances du
vert ?

Vous admirez cet arc-en-ciel superbe qui

vous retrace en grand les couleurs du prisme ;
la beauté et la vivacité de ses nuances vous
ravissent ; vous soupçonnez que la nature a dû
faire une grande dépense pour composer cette
riche ceinture : quelques gouttes d'eau, où la
lumière va se rompre et se réfléchir sous
différents angles , en sont l'unique fond.

C. BONNET.

LES MONTAGNES.

Ne nous pressons pas de prononcer sur l'irrégularité que nous voyons à la surface de la terre, et sur le désordre apparent qui se trouve à son extérieur, car nous en reconnaîtrons bientôt l'utilité, et même la nécessité; et en y faisant plus d'attention nous y trouverons peut-être un ordre que nous ne soupçonnons pas, et des rapports généraux que nous n'apercevions pas au premier coup-d'œil.

Observons exactement, et nous reconnaîtrons que les grandes chaînes de montagnes se trouvent plus voisines de l'équateur que des pôles, que dans l'ancien continent elles s'étendent d'orient en occident, beaucoup plus que du nord au sud, et que dans le Nouveau-Monde, elles s'étendent au contraire du nord au sud, beaucoup plus que d'orient en occident; mais ce qu'il y a de très remarquable, c'est que la forme de ces montagnes et leurs

contours, qui paraissent absolument irréguliers, ont cependant des directions suivies et
correspondantes entre elles, en sorte que les
angles saillants d'une montagne se trouvent
toujours opposés aux angles rentrants de la
montagne voisine, qui en est séparée par un
vallon ou par une profondeur ; j'observe aussi
que les collines opposées ont toujours à très
peu près la même hauteur, et qu'en général
les montagnes occupent le milieu des continents
et partagent dans la plus grande longueur les îles,
les promontoires et les autres terres avancées.

Les inégalités qui sont à la surface de la
terre, qu'on pourrait regarder comme une
imperfection à la figure du globe, sont en
même temps une disposition favorable, et qui
était nécessaire pour conserver la végétation
et la vie sur le globe terrestre. Il ne faut pour
s'en assurer, que se prêter un instant à concevoir ce que serait la terre, si elle était égale
et régulière à sa surface ; on verra qu'au lieu
de ces collines agréables, d'où coulent des
eaux pures qui entretiennent la verdure de la
terre ; au lieu de ces campagnes riches et
fleuries, où les plantes et les minéraux trouvent aisément leur subsistance, une triste
mer couvrirait le globe entier, et qu'il ne

resterait à la terre, de tous ses attributs, que celui d'être une planète obscure, abandonnée, et destinée tout au plus à l'habitation des poissons.

Buffon.

Si la surface de la terre était égale partout, les eaux de la pluie et de la neige entreraient dans l'intérieur, ou surnageraient sans aucune pente. Ainsi, certains pays où les pluies sont rares, deviendraient stériles, et les autres, où elles sont ordinaires, seraient inondés.

D'un autre côté, si les montagnes étaient ordinaires, le cours des rivières resserré dans les vallons étroits, ne porterait l'abondance nulle part, ne serait pas propre à la navigation; et ne pouvant recevoir les eaux qui tomberaient dans d'autres lieux, il tarirait nécessairement dès que l'été serait venu.

Mais les rivières prenant leur pente et leur déclin dans les montagnes, et tombant dans les plaines, pourraient s'y perdre en occupant un trop grand lit, si Dieu n'avait presque partout élevé sur leur rivage d'agréables collines, qui servent à régler leurs cours et à ménager leurs eaux, et qui sont une preuve

évidente de sa sagesse et de l'admirable proportion qu'il a mise entre la terre et les
rivières, ou les fontaines qui la devaient
arroser.

l'abbé DUGUET.

C'est une impression générale qu'éprouvent
tous les hommes, quoiqu'ils ne l'observent
pas tous, que sur les hautes montagnes, où
l'air est pur et subtil, on se sent plus de
facilité dans la respiration, plus de légèreté
dans le corps, plus de sérénité dans l'esprit.
Les plaisirs y sont moins ardents, les passions
plus modérées. Les méditations y prennent
je ne sais quel caractère grand et sublime,
proportionné aux objets qui nous frappent,
je ne sais quelle volupté tranquille qui n'a
rien d'acre et de sensuel. Il semble qu'en s'élevant au-dessus du séjour des hommes, on y
laisse tous les sentiments bas et terrestres, et
qu'à mesure qu'on approche des régions éthé-
rées, l'ame contracte quelque chose de leur
inaltérable pureté. On y est grave sans mélancolie, paisible sans indolence, content d'être
et de penser, tous les désirs trop vifs s'é-
moussent; ils perdent cette pointe aiguë qui

les rend douloureux; ils ne laissent au fond
du cœur qu'une émotion légère et douce; et
c'est ainsi qu'un heureux climat fait servir à
la félicité de l'homme les passions qui font
ailleurs son tourment. Je doute qu'aucune
agitation violente, aucune maladie de vapeurs
pût tenir contre un pareil séjour prolongé.

J. J. Rousseau.

LES MONTAGNES
DE L'HIMALAYA.

Les hautes Alpes, comme le Mont-Blanc, l'Ortler et le Mont-Rosa, ne sont élevées au-dessus du niveau de la mer que de quatorze mille à quinze mille pieds. Les plus hautes montagnes de la chaîne des Andes de l'Amérique méridionale, le Chimboraço, le Cayumbé, l'Antisana, le Cotopaxi s'élèvent de dix-huit mille à vingt mille pieds. Ces hauteurs n'égalent pas encore celles de l'Himalaya, dont les pics les plus élevés, tels que le Jawahir et l'Yama-navatari, mesurés jusqu'à ce jour, sont d'une hauteur de vingt-quatre mille pieds.

Aux approches de l'Himalaya, on ne trouve que des landes arides, semées de quelques rares habitations; le sol est stérile, l'air insalubre, l'aspect des habitants maladif. Le gibier abonde dans cette région peu connue. Des couvées de perdrix, tachetées de noir, s'élèvent de tout côtés ; l'antilope , la vache bleue aux yeux noirs , le lièvre , le busard , le sanglier se montrent de toutes parts ; la panthère , l'ours , le linx , l'éléphant sauvage fixent sur l'homme des yeux terribles.

Enfin l'Himalaya apparaît devant vous. Qui oserait, en face de ce géant, regretter les paysages vulgaires ? Certes les Hindous ne pouvaient choisir un autre sanctuaire pour y placer l'image du Dieu inconnu. Rien dans ces contrées n'est en rapport avec nos régions d'occident : toutes les proportions sont demesurées.

Ne cherchez nulle part une impression comparable, pour la grandeur et la solennité, à celle dont on est pénétré au pied de l Himalaya. L'esprit exalté vole sur la cime, et là, au milieu de la solitude et d'un silence éternel, que pas un bruit ne trouble, si ce n'est celui du tonnerre, il comprend l'idée de l'éternité. L'océan n'est pas aussi majestueux que les sommets de l'Himalaya ; les vagues ont leur tumulte, leur murmure, leur vie : ici tout est mort ; au lieu d'un horizon borné , vous avez un ciel dans les profondeurs duquel le regard se perd. Et si par hasard l'ouragan tonne et gronde dans ce silence , quelle solennité nou-

velle vient animer cette scène! L'Himalaya est
le plus sublime des temples où la divinité
puisse être adorée!

Les Persans prétendent qu'au-delà de ces
montagnes le monde finit, et l'*Incstann*, ou le
domaine des génies, commence. En effet, à
mesure que l'on gravit l'Himalaya, le son
meurt, le bruit expire; un coup de pistolet
ne produit qu'un léger murmure; le sentiment
de la vie languit dans notre ame. Je ne sais
quelle mélancolie profonde s'empare de nous;
mais il y a quelque chose de saint et de religieux sur les cimes des monts; le bruit de la
terre expire sur ces sommités, et les passions
humaines n'y trouvent point de place.

REVUE BRITANNIQUE.

LE VÉSUVE.

Au pied du Vésuve, la campagne est la plus fertile et la mieux cultivée que l'on puisse trouver dans le royaume de Naples, c'est-à-dire dans la contrée de l'Europe la plus favorisée du ciel. La vigne célèbre, dont le vin est appelé *Lacryma Christi*, se trouve dans cet endroit, et tout à côté des terres dévastées par la lave. On dirait que la nature a fait un dernier effort en ce lieu voisin du volcan, et s'est parée de ses plus beaux dons avant de périr. A mesure que l'on s'élève, on découvre, en se retournant, Naples et l'admirable pays qui l'environne; les rayons du soleil font scintiller la mer comme des pierres précieuses; mais toute la splendeur de la création s'éteint par degrés jusqu'à la terre de cendre et de fumée qui annonce d'avance l'approche du volcan. Les laves ferrugineuses des années précédentes tracent sur le sol leur large et noir sillon ; et tout est aride autour d'elles. A une certaine hauteur, les oiseaux ne volent plus ; à telle autre, les plantes deviennent très rares ; puis les insectes mêmes ne trouvent plus rien pour subsister dans cette nature consumée. Enfin tout ce qui a vie disparaît : vous entrez dans l'empire de la mort, et la cendre de cette terre pulvérisée roule seule sous vos pieds mal affermis.

Un hermite habite là sur les confins de la vie et de la mort. Un arbre, le dernier adieu de la végétation, est devant sa porte ; et c'est à l'ombrage de son pâle feuillage que les voyageurs ont coutume d'attendre que la nuit vienne pour continuer leur route. Car, pendant le jour, les feux du Vésuve ne s'aperçoivent que comme un nuage de fumée, et la lave, si ardente de nuit, n'est que sombre à la clarté du soleil. Cette métamorphose elle-même est un beau spectacle qui renouvelle chaque soir l'étonnement que la continuité du même aspect pourrait affaiblir.

Mme DE STAEL.

LES ALPES.

Dans ces cantons, moitié sauvages, moitié
cultivés, le peintre de la nature la surprendra,
pour ainsi dire, dans son atelier, entourée des
restes du cahos, au milieu d'une création ébau-
chée et de formes majestueuses, qui annoncent une main toute-puissante. Il ne trouvera
pas ailleurs ces grands effets des ombres et de
la lumière; ces dessins hardis et sublimes,
auxquels l'imagination seule ne saurait atteindre. Ici, des rochers inaccessibles et d'une
hauteur effrayante, entrecoupés d'écueils bizarres ou de grottes obscures, paraissent toucher la voûte des cieux; leurs cimes, en sur-
plombant au-dessus d'un profond abîme, menacent de le couvrir de leurs ruines; couronnées de touffes épaisses, d'arbres courbés par
la vétusté, elles jettent au loin leurs ombres
prolongées, et répandent une fraîcheur inaltérable. Là, des torrents s'élancent du sein des
nues, se dispersent dans l'air, ou forment dans
leur chute des cascades variées; le soleil les

fait briller des feux du diamant ou des couleurs de l'arc-en-ciel ; leurs ondes, rassemblées dans les gouffres qu'elles ont creusés, s'en échappent avec une nouvelle force, et blanchissent de leur écume les marbres épars qui s'opposent à leurs cours. Ces beautés terribles sont contrastées par la vue riante des montagnes et des côteaux tapissés de diverses nuances de verdure ; la surface tranquille d'un beau lac répète leur image, et réfléchit, par un beau jour, l'azur du ciel le plus pur ; au milieu d'un sombre désert, un vallon, occupé par une nombreuse colonie, présente le tableau d'une retraite paisible et de l'union si rare parmi les hommes ; des glaciers dont la base est hérissée de pointes brillantes, les flancs éblouissants de neige, et les sommets élevés au-dessus des nuées, terminent le lointain par leurs formes majestueuses.

Sans doute les fortes impressions données aux fibres encore tendres par tous ces grands objets, et fortifiées par l'habitude d'une vie uniforme et solitaire, sont une des principales causes de cet ennui qu'éprouvent les montagnards dans un séjour différent, et qui dégénère si souvent en langueur mortelle.

Bergasse.

LES ENVIRONS

DE GENÈVE.

Comme le voyageur est ravi d'admiration lorsque, dans un beau jour d'été, après avoir péniblement traversé les sommets du Jura, il arrive à cette gorge où se déploie subitement devant lui l'immense bassin de Genève ; qu'il voit d'un coup d'œil ce beau lac dont les eaux réfléchissent le bleu du ciel, mais plus pur et plus profond ; cette vaste campagne, si bien cultivée, peuplée d'habitations si riantes ; ces côteaux qui s'élèvent par degrés et que revêt une si riche végétation ; ces montagnes couvertes de forêts toujours vertes ; la crète sourcilleuse des Hautes-Alpes, ceignant ce superbe amphithéâtre ; et le mont Blanc, ce géant des montagnes européennes, le couronnant de cet immense groupe de neiges, où la disposition des masses et l'opposition des lumières et des ombres produisent un effet qu'aucune expression ne peut faire concevoir à celui qui ne l'a pas vu ! Et ce beau pays, si propre à frapper l'imagination, à nourrir le talent du poète ou de l'artiste, l'est peut-être encore davantage à réveiller la curiosité du philosophe, à exciter les recherches du physicien. C'est vraiment là que la nature semble vouloir se montrer par un plus grand nombre de faces.

Les plantes les plus rares, depuis celles des pays tempérés jusqu'à celles de la zone glaciale, n'y coûtent que quelques pas au botaniste ; le zoologiste peut y poursuivre des insectes aussi variés que la nature qui les nourrit ; le lac y forme pour le physicien une sorte de mer, par sa profondeur, par son étendue, et même par la violence de ses mouvements ; le géologiste, qui ne voit ailleurs que l'écorce extérieure du globe, en trouve là les masses centrales relevées, et perçant de toutes parts leurs enveloppes pour se montrer à ses yeux ; enfin, le météorologiste y peut à chaque instant observer la formation des nuages, pénétrer dans leur intérieur ou s'élever au-dessus d'eux.

CUVIER.

LES STEPPES.

Ainsi que l'océan, les *steppes* remplissent l'esprit du sentiment de l'infini. Mais l'aspect de la mer est embelli par le perpétuel roulement des vagues écumeuses, tandis que, semblable à la pierre nue, le désert, dans sa vaste étendue, ne présente que le silence et la mort.

Dans toutes les zones la nature offre de ces plaines immenses; dans chaque zone elles ont un caractère particulier. Dans le nord de l'Europe on peut considérer comme steppes, les bruyères qui sont couvertes d'une seule espèce de plantes, dont la végétation étouffe celle des autres, et qui s'étend depuis la pointe de Jutland jusqu'à l'embouchure de l'Escaut. Mais ces steppes peu étendues et parsemées de collines, ne peuvent se comparer aux llanos et au pampas de l'Amérique méridionale, ni aux savanes de Missouri et du fleuve Minede-Cuivre, où errent le bison au poil floconneux et le petit bœuf musqué.

Les plaines de l'intérieur de l'Afrique développent un aspect plus grand et plus imposant. Ces plaines font partie d'une mer de sable, qui, à l'est, sépare des régions fertiles, ou qui les entoure entièrement comme des îles. Aucune rosée, aucune pluie ne vient humecter cette surface déserte, ni développer le germe de la vie des plantes dans le sein brûlant de la terre.

Des troupeaux d'autruches et de gazelles, aux pieds légers, des hordes de lions et de panthères altérées, remplissent cet espace immense de leurs combats trop inégaux. Quelques groupes d'îles, riches en sources, et nouvellement découvertes dans cette mer de sable, voient leurs rives verdoyantes fréquentées par les essaims nomades des Tibbous et des Touariki; mais le reste du désert de l'Afrique ne peut être considéré comme habitable. Les caravanes ne peuvent le traverser qu'à l'aide du chameau, le navire du désert, comme l'appellent les anciennes poésies de l'Orient.

Ces plaines d'Afrique occupent un espace près de trois fois égal à celui de la mer méditerranée. Elles appartiennent à la zone torride, tandis que les déserts de l'Asie sont dans la zone tempérée. C'est sur le dos des montagnes centrales de l'Asie, entre le mont Altaï et le Tsoung-Ling, depuis la grande muraille de la Chine jusqu'au-delà des Monts-Célestes, et vers le lac d'Aral, que s'étendent. dans une longueur de plus de deux mille lieues, les *steppes* les plus élevées et les plus vastes du monde. Quelques-unes sont des plaines couvertes d'herbes ; d'autres se parent de plaines salines, toujours vertes, grasses et articulées.

Ces steppes tartares et mongoles, interrompues par diverses chaînes de montagnes, séparent des peuples encore grossiers du nord de l'Asie, la race des hommes anciennement civilisés qui, depuis un temps immémorial, habitent le Thibet et l'Indoustan. Ces plaines ont plus d'une fois répandu sur toute la terre le malheur et la dévastation. Les peuples pasteurs qui les habitent, tels que les Avares, les Mongols, les Alains, ont ébranlé le monde.

Les steppes de l'Amérique méridionale s'étendent depuis les montagnes de Caracas jusqu'aux forêts de la Guiane ; depuis les monts neigeux de Mérida jusqu'au grand delta . que

l'Orénoque forme à son embouchure. Elles
se prolongent au sud-ouest comme un bras
de mer, au-delà des rives du Méta et du
Vichada.

Ce désert occupe un espace de plus de
seize mille lieues carrées. Les pampas de Buénos-
Ayres égalent trois fois les llanos de Vénézuéla
en superficie. Leur étendue est si prodigieuse,
qu'au nord elles sont bornées par des bosquets
de palmiers, et au midi par des neiges éternelles. Ainsi que le désert de Sahara, les
llanos, ou les plaines septentrionales du sud,
sont situées dans la zone torride. Deux fois
chaque année leur aspect change totalement,
tantôt nues comme la mer de sable de Lybie,
tantôt couvertes d'un tapis de verdure comme
les steppes élevées de l'Asie.

Les agoutis, les petits cerfs mouchetés,
les tatous cuirassés, qui, semblables aux rats,
se glissent dans la retraite souterraine du lièvre
effrayé, des troupeaux de cabiais indolents,
des chinches agréablement rayées par bandes,
mais dont l'odeur empeste l'air, le grand lion
sans crinière, les jaguars mouchetés, nommés
tigres dans ces contrées, et assez robustes pour
traîner au haut d'une colline le jeune taureau
qu'ils ont tué : tous ces animaux, et une

multitude d'autres , parcourent la plaine dénuée d'arbres.

En été, lorsque les rayons du soleil tombent verticalement sur la terre, l'herbe se flétrit , le sol endurci se crevasse. Les flaques d'eau , au pied des palmiers dont le soleil a flétri la verdure , disparaissent peu à peu. De même que dans les glaces du nord , les animaux s'engourdissent , de même ici le crocodile et le boa , profondément enfoncés dans la glaise desséchée , s'endorment sans mouvement. Enveloppés de nuages de poussière, tourmentés par la faim et par une soif ardente , de toutes parts errent les bestiaux et les chevaux. Ceux-là , faisant entendre de sourds mugissements ; ceux-ci , le cou tendu dans une direction contraire à celle du vent , aspirent fortement l'air pour découvrir le voisinage d'une flaque d'eau non entièrement évaporée.

Les mulets, plus circonspects et plus rusés , cherchent à apaiser leur soif d'une autre manière. Un végétal de forme sphérique , et portant de nombreuses cannelures, le mélocactus, renferme, sous son enveloppe hérissée , une moelle très aqueuse. Le mulet, à l'aide de ses pieds de devant , écarte les piquants , approche ses lèvres avec précaution et se hasarde à boire le suc rafraîchissant. Mais ce n'est pas toujours sans dangers qu'il peut puiser à cette source végétale vivante. On voit souvent des animaux dont le sabot est estropié par les piquants du cactus.

A la chaleur brûlante du jour succède la fraîcheur d'une nuit qui égale le jour en durée; mais les bestiaux et les chevaux ne peuvent même alors jouir du repos. Pendant leur sommeil, des chauve-souris monstrueuses se cramponnent sur leur dos comme des vampires, leur sucent le sang et leur occasionnent des plaies purulentes, où s'établissent les hippobosques, les mosquites, et une foule d'autres insectes à aiguillon.

Quand, après une longue sécheresse, s'approche enfin la saison bienfaisante des pluies, soudain la scène change dans le désert. Le bleu foncé du ciel, jusqu'alors sans nuages, prend une teinte plus claire. Il s'élève dans le sud des nuages isolés qui paraissent venir des montagnes éloignées. Les vapeurs s'étendent comme un brouillard sur tout l'horizon. Les coups de tonnerre annoncent dans le lointain la pluie vivifiante; à peine la surface de la terre est-elle humectée, que le désert, couvert de vapeurs, se revêt d'une infinité de graminées.

A la lumière, la sensitive herbacée développe
ses feuilles endormies, et salue le soleil levant,
comme les plantes aquatiques, en ouvrant
leurs fleurs délicates, et les oiseaux par leurs
chants harmonieux. Les chevaux et les bestiaux
bondissent dans la plaine ; le jaguar, agréablement moucheté, se cache dans l'herbe haute
et touffue ; par un saut léger, à la manière des
chats, il s'élance, comme le tigre d'Asie,
pour saisir les animaux au passage. Quelquefois, si l'on en croit les récits des naturels, on
voit sur le bord des marais la glaise humide
s'élever en forme de mottes ; puis on entend
un bruit violent, comme celui de l'explosion
de petits volcans vaseux ; la terre soulevée est
lancée en l'air. Celui à qui ce phénomène est
connu, fuit dès qu'il s'annonce, car un mon-
strueux serpent aquatique, ou un crocodile
cuirassé, sort de son tombeau aux premières
ondées de pluies, et se réveille de sa mort
apparente.

Les rivières se gonflent peu à peu. Alors la
nature contraint à mener la vie des amphibies
ces mêmes animaux qui, dans la première
moitié de l'année, mouraient de soif sur un
sol aride et poudreux. Une partie du désert
présente l'image d'une vaste mer intérieure.

Les juments se retirent avec leurs poulains sur les bancs élevés qui, semblables à des îles, sortent de la surface des eaux. Chaque jour l'espace non inondé se rétrécit ; les animaux pressés les uns contre les autres et privés de pâturages, nagent longtemps çà et là, et trouvent une nourriture chétive dans les panicules fleuries des graminées qui s'élèvent au-dessus d'une eau brunâtre et en fermentation. Beaucoup de jeunes chevaux se noient ; beaucoup sont surpris par le crocodile qui, de sa queue armée d'une crète dentelée, leur fracasse les os, puis les dévore. Souvent on voit des chevaux et des bœufs qui, échappés à la voracité de ce féroce reptile, portent sur leurs cuisses les marques de ses dents pointues. Ce ne sont pas seulement les crocodiles et les jaguars qui, dans l'Amérique méridionale, dressent des embûches au cheval : cet animal a aussi parmi les poissons un ennemi dangereux. Les eaux marécageuses de Béra et de Rastro sont remplies d'anguilles électriques, dont les corps gluants envoie de toutes parts une commotion violente. Ces gymnotes ont cinq à six pieds de long, et sont assez forts pour tuer les animaux les plus robustes.

ALEX. DE HUMBOLDT.

CONTEMPLATION

DE LA NATURE.

Si, dans les heures de silence et de paix qui succèdent aux travaux du jour, j'élève mes regards vers le ciel : quel amas de merveilles! quel spectacle plein de grandeur et de majesté! flambeau de la nuit, un globe argenté, dont l'image mobile vient se peindre dans les eaux, réfléchit au loin sa lumière. Il répand sur toute la nature assez de clarté pour la rendre visible encore, pour lui prêter même par des teintes plus douces de nouveaux attraits, mais pas assez pour troubler la méditation ou le repos. Une voûte azurée fait briller des étoiles sans nombre. J'en devine une foule d'autres qui, dans l'enfoncement où elles se perdent, blanchissent du moins la voie qui les dérobe à mes yeux. Aidé de l'instrument qui prolonge ma vue, partout j'aperçois dans l'espace des astres étincelants; partout je vois des mondes;

et à l'égard de chacun d'eux la terre n'est qu'un point. Mais quelle main les a suspendus? quelle intelligence a réglé leur marche? quelle géométrie sublime a présidé aux lois qui dirige leur course rapide? Mille et mille fois plus prompts que la poudre, et conservant depuis l'origine des êtres le même degré de vitesse, et la même direction que leur imprima le tout-puissant, ils s'élancent d'un point donné, roulent dans leur orbite, et reviennent, dans un temps fixe au point d'où ils sont partis. C'est peu encore, ils s'attirent les uns les autres, sans s'approcher de trop près, sans se heurter ni s'embarrasser. Des forces supérieurs les éloignent du centre de leurs mouvements; des forces opposées les ramènent, et ils sont contraints de s'en tenir à la dernière borne de la distance qui les sépare. Dans le mouvement perpétuel et simultané de ces masses énormes, quelles impulsions et quelles résistances! quelles forces combinées ! quel balancement continuel et quelle harmonie ! comme tout se maintient avec la plus étonnante régularité! comme tout concourt au bien de tout et à l'ordre universel ! ainsi tout est lié, tout est enchaîné, dans ces vastes et célestes corps. Ainsi la mesure, le nombre, le poids, tout y est réglé, tout y est parfait. Mais où s'arrête ce chef-d'œuvre de la création ? les étoiles fixes sont autant de soleils avec leur système planétaire, avec la foule d'habitants dont ces mondes sont peuplés ; et si je m'élance sur les ailes de la pensée jusqu'à la plus haute des sphères que j'entrevois, ah ! que je suis loin encore des confins de l'univers ! O mon Dieu ! dans le saisissement que j'éprouve, humblement prosterné devant toi, je jouis, j'admire, je t'adore, je me perds et me confonds dans l'immensité de ton être, aussi élevé au-dessus des cieux qu'il reste d'intervalles encore entre le fini et l'infini.

Mais les heures se sont écoulées pour moi comme des instants. La nuit replie ses voiles; la splendeur des étoiles est effacée par une clarté plus vive; un nouveau spectacle vient enchanter mon esprit et mes sens. Les premiers feux de l'aurore rougissent le ciel et annoncent l'astre du jour. Il paraît; son disque radieux s'élève lentement sur la cime des monts, et ses regards vivifiants fécondent la nature, qu'il pare des plus riches couleurs. Les oiseaux le saluent par leur tendre ramage; ou plutôt leurs concerts sont un hymne à la gloire du Créateur. Ces chants mélodieux, le souffle des zéphirs, le murmure d'un clair ruisseau qui serpente dans la plaine et qu'ombragent des saules toujours verts, les gouttes de rosée qui brillent sur l'herbe des prairies, les fleurs dont les prés sont émaillés, les doux parfums qui s'exhalent dans les airs, la fraîcheur du matin; que de sources de plaisirs s'ouvrent à la fois aux ames pures et aux cœurs sensibles, à tous ceux qui voient Dieu dans la nature !

O toi, le seul être ici bas qui soit en état de les goûter; le seul que Dieu ait rendu capable d'en sentir tout le prix, viens nombrer, s'il se peut, tes richesses. O homme ! c'est à toi surtout que ces biens sont destinés. Jetons ensemble un nouveau coup-d'œil sur cette prairie dont la nature fit tous les frais , et que tapisse un vert ami des yeux. Combien d'animaux divers elle entretient pour ton usage ! Celui qui sillonne à pas lents tes fertiles guérets y trouve sa nourriture. La providence lui a caché ses forces; il cède en quelque nombre qu'il soit rassemblé, à la baguette et à la voix d'un enfant. Sa compagne y puise, dans l'herbe qu'elle rumine, le lait délicieux qui t'offre des aliments si doux et si variés. L'agile et superbe coursier, dont nous tirons tant de services, y viendra réparer ses forces, et, pour prix de ses travaux, te demandera sa part de l'herbe qu'on y recueille. Dans cette même prairie, que de simples, que de plantes salubres dont chacune a des vertus qui lui sont propres ! plus loin l'animal stupide, mais utile et sobre, qui porte tes fardeaux, se contente de chardons épineux et de la feuille des buissons. Près de la paissent et bondissent de nombreux troupeaux, qui pour te vêtir t'abandonnent leur toison. Sur leurs pas le chien fidèle, toujours attentif au moindre signe, veille à leur garde, ou manége autour d'eux avec art ; tandis que plus près de toi il en est un autre qui te flatte, te caresse, partage tes plaisirs, t'avertit des dangers qui te menacent, et ne craint pas d'exposer sa vie pour te défendre. Un autre encore fera lever pour toi le gibier qu'atteindra bientôt le plomb meurtrier.

Tourne ailleurs tes regards ; vois ces champs couverts d'épis dorés qui se balancent sur leur tige affermie par des nœuds si artistement disposés, et bénis le Créateur dont tu tiens chaque jour le pain qui te nourrit. Parcourt de l'œil ces vallons où tu recueilles le seigle, l'orge, l'avoine, le trefle, le sarrasin, tant de plantes, tant de grains propres à ta subsistance ou à celle des animaux dont tu peux le moins te passer. Ailleurs tu as vu croître le lin, le chanvre, et tu connais l'usage si utile pour toi que l'industrie humaine en sait faire.

Jette maintenant la vue sur ces coteaux riants où la vigne te prépare une liqueur réjouissante et salutaire, et t'offrira bientôt après la moisson d'agréables vendanges; lève les yeux sur ces monts sourcilleux qui bornent l'horizon : de là coulent ces ruisseaux qui arrosent et verdissent nos campagnes; ces rivières, ces fleuves si favorables à la navigation et au commerce, et dont les eaux, comme celles de l'océan vers lequel ils précipitent leur cours, attirées dans l'atmosphère, raréfiées par la chaleur, dispersées par les vents, se changent en rosées, en sources, en nuées, en pluies pour étancher ta soif, pour rafraîchir l'air, pour le purifier de ses exhalaisons nuisibles et pour fertiliser la terre. Quel concert entre les éléments ! Par quel sage mélange et quel heureux accord ils concourent tous ensemble à te procurer les plus précieux avantages, et au bien du monde entier !

Repose enfin ta vue sur cette antique forêt, sur ce bois solitaire, ou plutôt portons-y nos

pas ; allons chercher sous son épais feuillage
un abri contre les ardeurs du soleil, qui,
déjà à son midi, darde sur nous ses rayons.
Sombre asile où tout invite au recueillement,
où tout inspire un saint respect pour le Dieu
de la nature, vous nous retracez de nouveaux
présents de sa main libérale. Que d'usages
divers pour lesquels ces arbres des forêts nous
ont été donnés ! Ce n'est pas seulement pour
qu'ils parent, qu'ils embellissent notre séjour,
pour qu'ils récréent nos sens par leur verdure,
leur fraîcheur et leur ombrage ; ils doivent
servir à préparer, à amollir, à fondre les
métaux, à cuire nos aliments, à entretenir en
nous dans une saison rigoureuse la chaleur et
la vie. Ils entreront dans la construction de
nos maisons, de nos navires, des digues que
nous opposerons aux fleuves et à la mer, dans
celle de nos meubles les plus recherchés, ou
les plus communs et les plus nécessaires. Ils
seront taillés, polis, sculptés, tournés et
façonnés de mille manières différentes au gré
de l'artiste qui sait les mettre en œuvre ; et
pour qu'ils suffisent à tous nos besoins, vois
comme ils se conservent, se reproduisent, se
multiplient ; si toutefois, par une funeste
insouciance et l'appas trompeur du moment,

nous n'abusons pas contre tout ordre et toute règle de leur fécondité.

Non-seulement cette terre que tu foules aux pieds a été disposée de manière à recevoir et à te rendre au centuple les productions que tu lui confies; non-seulement elle n'est ni trop compacte pour se refuser à la culture, et pour que les végétaux ne puissent y étendre leurs racines et s'abreuver des sucs qu'elle contient, ni trop légère pour qu'elles ne puissent y être suffisamment affermies; mais elle est d'ailleurs d'une nature assez diverse pour fournir à chaque plante le terroir qui lui convient le mieux. De ces espèces de terres si différentes entre elles tu tires la glaise, l'argile, la tuile, la brique, le ciment, la chaux, le plâtre, tout ce qui sert à la poterie, à la maçonnerie, et qui contribue en partie à édifier la cabane du pauvre et les palais du roi.

Ne t'arrête pas à la surface de la terre; sonde ses profondeurs. Elles récellent la pierre, le marbre, les métaux, une foule de trésors qui, s'ils n'eussent pas été cachés dans son sein, n'eussent fait qu'embarrasser et déparer ton séjour.

Je ne t'ai remis sous les yeux qu'une partie de tes richesses : ajoutons-y par la pensée la

moindre partie encore de celles que t'apporte
le commerce, qui lie les deux mondes, et qui
te rend tributaires les pays les plus éloignés ,
tu n'auras après tout qu'une faible idée des
dons du Créateur. Eh! quelle intelligence ici-
bas pourrait les connaître tous , parcourir tous
ses ouvrages, et en saisir tous les rapports ?

l'abbé GÉRARD.

Vivifiée par la nature , et revêtue de sa robe
de noces, au milieu du cours des eaux et du
chant des oiseaux, la terre offre à l'homme,
dans l'harmonie des trois règnes, un spectacle
plein de vie, d'intérêt et de charmes, le seul
spectacle au monde dont ses yeux et son cœur
ne se lassent jamais. Plus un contemplateur
a l'ame sensible, plus il se livre aux extases
qu'excite en lui cet accord. Une rêverie douce
et profonde s'empare alors de ses sens, et il
se perd avec une délicieuse ivresse dans l'immensité de ce beau système avec lequel il se
sent identifié. Cette récréation des yeux repose , distrait, amuse l'esprit dans l'infortune ,
et suspend le sentiment des peines. La nature
des objets aide beaucoup à cette diversion,

et la rend plus séduisante. Les odeurs suaves, les vives couleurs, les plus élégantes formes semblent se disputer à l'envie les droits de fixer notre attention. Il ne faut qu'aimer le plaisir pour se livrer à des sensations si douces; et si cet effet n'a pas lieu sur tous ceux qui en sont frappés, c'est, dans les uns, faute de sensibilité naturelle; et dans la plupart, que leur esprit, trop occupé d'autres idées, ne se livre qu'à la dérobée aux objets qui frappent leurs sens.

A tout âge l'étude de la nature émousse le goût des amusements frivoles, prévient le tumulte des passions, et porte à l'ame une nourriture qui lui profite, en la remplissant du plus digne objet de ses contemplations

J. J. ROUSSEAU.

ASPECT

DE LA NATURE EN FRANCE.

Parcourez la France du nord au sud, votre étonnement et votre plaisir iront toujours en croissant ; les gras pâturages, les fertiles champs de blé de la Flandre et de la Beauce, cèderont la place aux beaux vergers de la Normandie et aux champs de lin de la Bretagne. Les côtes de cette province vous offriront les tableaux mélancoliques de l'Ecosse et de la Norwége, adoucis par un climat tempéré. Des célèbres coteaux de la Marne et des rives majestueuses du Rhin, vous pouvez passer aux vignobles de la Bourgogne, non moins fameux ; les bords délicieux de la Loire arrêteraient vos pas, si les rochers volcanisés de l'âpre et salubre Auvergne, les basaltes du Velay et du Vivarais, et les sites helvétiques du Jura, ne se disputaient vos regards. Quoique vous ayez voyagé dans les montagnes, le Dauphiné vous réserve des surprises ; ses rochers nus et stériles, bornant des vallées fécondes ; le climat rude de ces hauteurs dominant une température délicieuse, les superbes bois de mélèzes et de sapins, et la variété des plantes et des minéraux, seront encore nouveaux pour vous. Si vous n'avez pas visité l'Italie et l'Espagne, vous vous consolerez lorsque les orangers et les oliviers, les plantations de mûriers et les jardins embaumés, sous le beau ciel de la Provence et du Languedoc, s'offriront à vos regards ; vous concevrez alors pourquoi ces contrées ont inspiré plus de troubadours que le reste de la France. Passez enfin la Garonne, et allez goûter le plaisir utile de vous abreuver des eaux salutaires des Pyrénées au milieu des sites les plus pittoresques, où des physionomies un peu mauresques frapperont votre vue, et où des sons étrangers vous feront souvenir du voisinage de l'Espagne. Quelle foule d'objets curieux s'offriront dans ce voyage à vos regards étonnés ! Nulle contrée n'en est dépourvue ; la nature est moins lasse de produire que votre curiosité d'observer. Partout elle a ménagé des surprises au voyageur ; s'il rencontre de distance en

distance des lieux arides, des plaines monotones, des contrées sans aucun charme, ils se
préparent mieux par le contraste aux beautés
qui vont leur succéder ; ou bien cette aridité
cache des richesses minérales, et couvre des
phénomènes souterrains d'un grand intérêt.
Pourvu qu'il soit muni de quelques connaissances en histoire naturelle, et doué d'un
esprit observateur, il sera arrêté presque à
chaque pas, et ne cessera d'admirer une nature
si variée dans ses effets, et pourtant si simple
dans sa marche ; sa curiosité sera trop excitée
pour se contenter d'un regard superficiel ; il
pénètrera dans l'intérieur des chaînes de
montagnes ; guidé, non par l'intérêt, mais
par la noble envie de s'instruire, il s'enfoncera
dans l'intérieur de la terre. Un nouveau monde
s'ouvrira devant lui, il y verra les précieuses
découvertes de la géologie ; les métaux et les
minéraux étaleront à ses yeux les formes et
les couleurs les plus variées ; il connaîtra la
singulière structure du sol qu'il a longtemps
foulé avec indifférence, et il apercevra un
monde souterrain, peut-être aussi curieux que
celui qu'éclaire le grand jour. Si la surface
de la terre lui présente la variété infinie de la
nature vivante, il trouvera sous le sol le tom-

beau d'individus, d'espèces et même de genres détruits; et ces débris gisent là comme autant de monuments, qui seuls nous révèlent les bouleversements et les révolutions auxquels la nature a été en proie, avant de prendre cet aspect riant et paisible qui invite l'homme à habiter sur ces ruines des premiers âges, cachées sous la verdure et les moissons.

DEPPING.

LES FOSSILES.

Les métaux, les pierres, et cent autres matières que nous mettons sans cesse en œuvre, et qui doivent servir à des ouvrages toujours nouveaux dans la longue durée des siècles, ont été enfermés sous nos pieds dans de vastes cellules où nous les trouvons au besoin. Ces matières ne sont point cachées dans le cœur de la terre, ni à une profondeur qui nous les rende inaccessibles; mais elles ont été rapprochées à dessein vers la surface, et logées sous une voûte qui est à la fois assez épaisse pour suffire à la nourriture de l'homme et assez mince pour être percée au besoin, en sorte qu'il puisse descendre quand il veut dans le magasin des provisions sans nombre qu'elle renferme pour son service. Nous recevons tout le profit de cette économie qui a si bien fait valoir les dehors et l'intérieur de notre séjour. C'est un double présent qui nous a été fait dans un même terrain.

Les huiles et les sucs, ou liquides ou épaissis
qu'on trouve sous terre, sont le soufre, le
bitume, le naphte, et peut-être quelques
autres. Ces matières ont beaucoup d'affinité
entre elles, et paraissent convenir dans leurs
principes par la ressemblance de leur odeur
et de leurs autres qualités ; mais elles varient
leurs couleurs et leur forme selon les autres
matières auxquelles elles se sont étroitement
unies.

Le soufre naturel se trouve communément
dans les environs des volcans. Rien n'approche
plus de la nature du soufre que le bitume,
qu'on recueille quelquefois sous terre comme
une masse cassante, mais grasse et inflammable ; quelquefois comme une boue gluante
assez semblable à la poix qui découle du pin.
Communément le bitume se dégorge de dedans
la terre sur la surface de l'eau, où il nage
comme une huile noire qui s'épaissit à l'air.
C'est ainsi qu'on le trouve dans certaines
sources et sur les eaux de la mer morte, ou
du lac Asphaltite qui couvre l'ancienne vallée
de Sodome. Le pétrole ou cette huile qui
découle en plusieurs pays de dessous les
rochers, et le naphte qui a la propriété de
brûler sous l'eau, ne sont que des espèces de

bitumes. Le camphre qui brûle sur l'eau comme le bitume, est peut-être d'une nature fort semblable, mais il n'est point fossile ; c'est une résine qui découle de certains arbres de la Chine et de Bornéo, au pied desquels on la trouve figée en pains de différentes grandeurs. Le jayet qui est estimé pour son beau noir, pour sa dureté, et pour la facilité avec laquelle il se polit, ne paraît autre chose qu'un bitume noir mêlé de parties de fer et durci comme une pierre. L'ambre jaune n'a point d'autre origine : on y trouve même odeur, même électricité ; c'est-à-dire même facilité à attirer les pailles et les matières légères, après avoir été échauffé par le frottement.

Le sel qui se trouve dans l'assemblage de tous les corps, et qui semble même destiné à en faire l'assemblage, est en général un élément dur et inflexible, dont les plus petites parties ont plusieurs côtés taillés à pans ou à facettes, et les extrémités terminées en pointes. Cet élément varie beaucoup ses espèces et ses effets, soit parce qu'il s'unit à d'autres matières, soit parce que ses particules sont différemment taillées. Peut-être ces deux raisons concourent-elles pour former des sels tout différents.

8.

Les trois premières sortes de sels sont : le
gemme , le sel marin et le sel des puits salants ,
mais tous les trois sont originairement le même.
L'eau du déluge a apparemment déposé sous
terre les masses de sel gemme qu'on y trouve
dur et brillant comme le cristal. Les eaux de
pluie qui roulent sur ces masses en détachent
ce qu'elles amènent dans les puits salants.
Après le sel commun , celui de tous qu'on met
le plus en œuvre est le nitre , ou le salpêtre
qu'on trouve attaché aux voûtes des caves et
des celliers , dans les masures et dans tous les
lieux abandonnés , mais surtout dans ceux où
les urines des animaux ont séjourné.

L'alun est un sel en masse naturellement
cristallisé avec un peu de terre ou d'autres
matières. On en tire le sel comme on tire le
salpêtre des pierres et des platras. Les principes qui forment l'alun sont très étroitement
liés , et il attache ou retient fortement ce
qu'il saisit.

Le vitriol ou la couperose est encore un sel
fossile qui se trouve naturellement en masse
au fond des mines , ou qu'on tire comme le
salpêtre de dedans les marcassites , qui sont
des pierres mêlées de terre , de soufre , de
sel et de parties métalliques. Le vitriol produit

des effets différents selon qu'il participe plus
de la nature du cuivre ou du fer. Celui qui
contient le moins de métal est le blanc ; les
autres espèces sont le bleu et le vert.

Le borax est un autre sel qu'on trouve dans
les mines , surtout dans celles de Perse , d'où
il est porté au Mogol à Amadabar ; c'est de là
que les Européens le tirent.

Outre les sels que je viens de nommer, il
y en a encore d'autres dont on fait beaucoup
d'usage : comme le sel ammoniac qu'on tire de
la suie formée dans les cheminées où l'on fait
brûler les excréments des animaux; le tartre ,
qui n'est autre chose que la partie du vin la
plus saline, fixée et cristallisée en croûte autour
des tonneaux ; le verdet , ou vert-de-gris, qui
n'est que du cuivre rongé par le salpêtre , ou
corporifié avec le tartre de marc de raisin
qu'on a étendu sur une lame de ce métal.

Tous ces sels , et les autres , sont composés
de deux parties, dont l'une se nomme acide, et
l'autre alkaline. La partie acide est un amas
d'aiguilles ou de lames à facettes toujours
aiguës , souvent tranchantes , mais si fines et
si légères qu'elles flottent aisément dans l'air
et dans les liqueurs. Les acides paraissent
communément en liqueurs , et ne font corps

dans la nature que quand ils trouvent une base
convenable , c'est-à-dire une matière poreuse
et propre à les engaîner ou à les mettre en
masse.

La partie alkaline n'est autre chose que
cette base , ou cette matière criblée d'une
infinité de pores et destinée à réunir les acides.
L'acide est piquant sur la langue , il semble
la percer : l'alkali y imprime une saveur âcre
et brûlante. De ces deux parties si différentes
se forme le sel neutre ou le sel composé , tel
que le sel marin , le salpêtre , le vitriol , ou
d'autres sels ordinaires. Soit que la sagesse
divine n'ait mis dans la nature qu'un seul
acide qui se diversifie selon la nature des
bases qu'elle a préparées pour en varier les
effets ; soit qu'elle ait dès le commencement
taillé diverses pointes d'acides , et de différents
étuis ; ces principes continuent dans toute la
durée des siècles à s'assembler d'une façon
constante et régulière , à se désunir ensuite ,
et à nous servir conjointement ou séparément.

PLUCHE.

DES DIFFÉRENTES SORTES
DE TERRES.

Il y a trois sortes de terres totalement différentes, savoir : sable, argile, limon. Le
sable est composé de petits corps anguleux,
durs, inflexibles, impénétrables à l'eau, et
transparents comme le cristal.

L'argile est composé de parties probablement cubiques et serrées, peut-être branchues
et propres à s'entasser les unes contre les
autres, mais certainement polies, grasses,
glissantes, ductiles en tous sens, tenaces,
et n'admettant point l'eau dans leurs pores.

Le limon est une terre composée de feuilles
ou de tuyaux creux, qui la rendent spongieuse
et facile à pénétrer à l'air et à l'eau.

Les différents effets de l'eau sur ces trois
terres nous en marquent la différence essen-
tielle. L'eau versée sur le sable remplit exac-

tement les interstices des grains de sable ,
mais elle ne pénètre pas les grains mêmes. Que
l'eau se dissipe ou qu'elle y entre, la masse
du sable n'augmente ni ne diminue. L'eau
jetée sur la glaise en peut bien effleurer la
surface à l'aide de quelques autres grains de
terre qui s'y trouve mêlés , et qui lui ouvrent
quelques avenues, mais elle s'arrête bientôt
dans le corps de la glaise qui lui demeure
impénétrable. Enfin l'eau jetée sur le limon
le pénètre, l'enfle et l'élargit ; elle en sort,
elle y rentre avec une entière liberté. Cette
distinction des trois terres primordiales est
extrêmement sensible.

Les terres, tant les limoneuses que les
argileuses , que nous trouvons à d'inégales
profondeurs sous nos pieds, varient tellement
par leurs mélanges avec des soufres , des
huiles et des matières minérales , comme aussi
par les différentes préparations que l'eau et le
feu leur donnent , que nous pouvons regarder
la terre entière comme un grand laboratoire ,
où celui seul qui connaît les principes de la
nature prend soin de les composer selon les
différents degrés des besoins de l'homme pour
qui le tout est fait.

Ici ce sont des craies , des ocres , des sangüines, des bois de toutes qualités pour les usages de la médecine, comme aussi de toutes couleurs ; soit pour tracer les plans des ouvrages qu'il faut faire, soit pour peindre les objets dont les images peuvent nous être agréables ou nécessaires. Là, se trouvent différentes sortes de marnes qui sont recherchées des maçons auxquelles elles fournissent une excellente chaux, et des laboureurs dont vous savez qu'elles sont le plus riche trésor. Ailleurs on trouve des terres métalliques. Dans bien des provinces, mais surtout dans le Lyonnais, en Auvergne, en Bourgogne, dans le Hainaut et en Angleterre, on rencontre des lits inépuisables d'une terre bitumineuse qu'on nomme charbon de terre, et qui contenant beaucoup de soufre ou d'huile, se trouve plus propre à amollir le fer, et à le rendre obéissant au marteau ; il supplée en Angleterre, et ailleurs, au défaut du bois. L'air de Londres est si chargé des esprits sulfureux du charbon de terre qui s'y brûle, qu'un habit, qu'on y aurait porté quelque temps, conserve l'odeur du soufre des années entières, même en deçà de la mer.

Les sables ont été distribués partout audehors et dans l'intérieur de la terre, pour

8..

nous procurer des secours de toute espèce ; par la diversité de leur masse, par la diffé-rence de leur dureté, et par la variété de leurs couleurs.

Nous pouvons donc regarder les trois terres primordiales comme trois sortes d'éléments, peut-être aussi simple à notre égard que le sel, le feu et l'air. Quoiqu'il en soit de leur structure intérieure, le grand architecte de la nature les a préparés dès le commencement de la façon qu'ils subsistent encore, et les a dispersés dans tout notre globe pour former par leur union entre eux, et par leur mélange avec d'autres, cette prodigieuse variété de corps et de productions où l'homme devait trouver son nécessaire et ses délices.

PLUCHE.

LES PÉTRIFICATIONS.

Nous connaissons trois différentes sortes de pétrifications qui s'opèrent, pour ainsi dire, sous nos yeux, ou étant assez faciles à comprendre, peuvent nous aider à deviner à peu près comment se font les autres.

La première est la stalactite, ou cette espèce de cylindre qui se forme à la voûte des caves gouttières. Ces sortes de pendants sont l'ouvrage d'une eau qui amène au travers des voûtes quelques menus sables, lesquels s'amassent en pointe à différentes reprises, et s'épaississent par les différentes couches que l'eau amène successivement l'une sur l'autre.

La seconde pétrification qui nous est familière, sont ces croûtes de pierres que l'eau de certaines fontaines attache peu à peu au tuyau par où elle passe. On voit aisément que la matière de ces pétrifications, de quelque nature qu'elle puisse être, est chassée par l'eau vers les parois du tuyau; et que si elle s'amasse par grumeaux ou par pelotons, qui s'appliquent l'un à l'autre sans ordre, c'est parce que l'eau pousse cette matière pierreuse à l'aventure, et la contraint de se détourner du centre de son cours pour se faire passage à elle-même.

La troisième espèce de pétrification qui nous est fort connue, sont ces bois, ces coquilles ou autres matières pétrifiées sous terre, ou dans les fontaines sans avoir perdu leur figure et leurs traits naturels. Pour caractériser ces trois différentes pétrifications, disons que la première se fait par feuilles, la seconde par pelotons, la troisième par insertion.

L'eau n'entre pour rien ou n'entre que pour peu dans la structure des pierres : mais c'est elle qui charrie et mélange les matériaux dont elles sont composées. Dans la structure naturelle des pierres, comme dans notre maçonnerie, l'eau sert à assembler et à unir intimement les matériaux, après quoi ils se durcissent à mesure que l'eau se dissipe. Dans nos trois différentes pétrifications, il se trouve de

petites masses, et un ciment très fin. Les masses
à assembler sont le sable, l'argile et le limon :
le ciment le plus fort sont les sels et les différents bitumes. Quelquefois les sels et l'argile
servent de ciment au sable. Quelquefois c'est
l'argile seul ou le limon seul qui fait masse.
Du degré de ces matières différemment mé-
langées, résultent des différences infinies.
C'est l'eau qui assemble toutes ces matières,
qui les entraîne dans son cours, qui les entre-
lace les unes dans les autres, et qui les dépose
dans les lieux où elle coule : après quoi elle
leur laisse en se retirant, le moyen de se
sécher et de se durcir, parce que leurs parties
étroitement engrenées les unes dans les autres
ne peuvent plus ni se plier, ni se séparer.

Nous pouvons rattacher aux trois genres de
pétrifications dont nous venons de parler :
pour le premier, les talcs, les ardoises, l'a-
miante et le plâtre; pour le second, les pierres
précieuses, les pierres à fusil et les cailloux
ronds; pour la troisième, toutes les différentes
sortes de grais, les marbres et les pierres de
toutes dimensions.

Ce que l'eau fait en grand en s'insinuant
dans les différents lits qui sont étendus sous

terre, elle le fait en petit dans les morceaux
de bois, d'ivoire, d'or, ou d'autre matière
qu'elle pénètre; et ce n'est que par là qu'on
peut rendre raison de plusieurs pétrifications
d'un caractère singulier qu'on trouve d'un
bout de la terre à l'autre.

PLUCHE.

LES PIERRES.

Les pierres en général sont de deux sortes : les précieuses et les communes. Les pierres précieuses sont, ou transparentes, ou opaques. On en estime l'éclat, la couleur, le poli, le poids. De toutes les transparentes, la plus dure et la plus belle est le diamant. Toutes les autres se disputent la seconde place, et l'obtiennent tour à tour selon le caprice de la mode, ou suivant le goût des particuliers. Le diamant seul est demeuré partout, et en tout temps, en possession du premier rang ; son mérite se tire de sa dureté, de son poids et de sa belle eau.

Les pierres communes consistent dans les pierres à bâtir, le grais, la pierre à feu, l'amiante, la pierre-ponce, le marbre et l'albâtre qui n'est qu'une espèce de marbre qui diffère des autres seulement en ce qu'il est plus tendre et plus facile à tailler.

La pierre à bâtir est la plus connue et la plus diversifiée de toutes, car il y en a de tendres, de dures, de lisses, de raboteuses; elles varient leurs grains et leurs couleurs, non-seulement d'un pays à l'autre, mais d'un banc à l'autre dans la même carrière. Le marbre est sans doute la plus magnifique de toutes les pierres communes; il y en a une infinité d'espèces; les principales sont : le blanc, le noir, le marbre noir d'Ethiopie ou le basalte, le marbre noir de Lydie qui est la pierre de touche des orfèvres, le marbre vert, le granit qui est extrêmement dur et moucheté de taches vertes et blanches, le porphyre qui est également estimable par sa dureté, par son beau rouge et par ses mouchetures blanches, enfin les marbres veinés de toutes couleurs.

Nous avons placé les pierres les unes sur les autres pour nous loger, nous les avons rangées côte à côte pour affermir nos routes, et pour diligenter les transports perpétuels qui se font d'un pays à l'autre. C'est encore dans ces pierres que nous trouvons une matière propre à illustrer et à conserver par des monuments durables, la mémoire des grands hommes et des évènements remarquables.

Les pierres et les métaux nous ont réellement

conservé l'histoire du monde. Nous y voyons encore les noms, les traits et les actions des princes qui ont régné depuis près de deux mille ans. Le bronze est fondu, et le marbre le plus dur, sous le ciseau du sculpteur, prendra la forme d'Alexandre ou de Socrate, de César ou de Virgile, d'Erasme ou de Charles-Quint, de Louis-le-Grand ou de Descartes. Nous pouvons par ce moyen faire revivre au milieu de nous ceux qui ont utilement servi l'état ; montrer au doigt ceux dont la connaissance nous intéresse, jouir de la vue de leurs traits, et avoir toujours sous les yeux des exemples utiles. C'est là ce qui a fait inventer et recevoir partout la sculpture. Mais à l'exception des temples où elle est employée selon sa première destination, presque partout ailleurs nous en avons perverti l'usage.

Pluche.

LES MÉTAUX.

Les métaux proprement dits sont au nombre de vingt-sept , dont quinze seulement sont remarquables par leurs usages. Les voici rangés dans l'ordre de leur plus grande utilité dans les arts : le fer, le plomb, le cuivre , l'étain , le zinc , le mercure , l'argent, l'or , le platine , l'antimoine , le bismuth , le cobalt, l'arsenic , le chrôme et le manganèse.

Les métaux forment la classe la plus importante des corps , puisqu'on les emploie dans presque tous les arts nécessaires à la vie, qu'ils servent à fabriquer les instruments sans lesquels plusieurs de ces arts n'existeraient pas , et qu'ils sont ainsi l'une des causes les plus actives du progrès des sciences et de la civilisation. Parcourons rapidement les principales propriétés physiques auxquelles ils sont redevables de cette prééminence sur la plupart des autres substances naturelles. La plus remarquable de ces propriétés est l'aspect brillant qui les caractérise et qu'ils conservent jusque dans leurs moindres parties. Cet éclat est dû à la faculté qu'ils ont de réfléchir en très grande abondance les rayons lumineux, ce qui les rend particulièrement convenables à la confection des diverses sortes de miroirs ; indépendamment de cet état très vif, que le poli fait encore ressortir, les métaux ont une couleur qui leur est propre, mais dont la teinte varie selon que le minéral est en masse ou en poussière. Leur densité l'emporte généralement de beaucoup sur celle des autres substances. Les métaux ont en général peu de dureté, mais dans quelques-uns cette qualité peut être augmentée par l'art : c'est ainsi que l'on est parvenu à convertir le fer en acier, qui, à son tour, peut servir à travailler le fer et les autres métaux. L'élasticité des métaux, qui est en rapport avec la dureté, peut être aussi accrue par des moyens artificiels ; l'acier, dont sont fait les ressorts de montre, est très élastique, quoique le fer dans son état naturel ne le soit que très peu. L'une des propriétés les plus importantes des métaux est leur *mal-*

léabilité. On appelle ainsi la propriété qu'ils ont de se laisser aplatir et étendre sous le marteau, et de prendre de cette manière la forme qu'on veut leur donner. Tous les métaux ne possèdent pas cependant cette propriété. Elle est accrue par la chaleur ; par l'effet du marteau, les métaux acquièrent plus de densité et de dureté. Voici la liste des métaux malléables et l'ordre de leur malléabilité : l'or, l'argent, le cuivre, l'étain, le platine, le plomb, le zinc et le fer.

La ductilité consiste dans la faculté qu'ont certains minéraux de se laisser allonger en fils, lorsqu'on les force à passer par des trous de différents diamètres. Pour qu'un fil puisse être étiré, il faut que le métal ait une grande tenacité : l'or, l'argent, le fer, l'acier, le cuivre sont ceux qui sont le plus ordinairement employés. La tenacité d'un fil métallique est la propriété qu'il a de résister, sans se rompre, à l'effort d'un poids suspendu à l'une de ses extrémités. Il est des métaux qui se brisent par la percussion au lieu de se laisser étendre : tels sont le cobalt, l'antimoine et le manganèse. Les métaux sont non-seulement dilatables par la chaleur, mais encore fusibles à des degrés de température très différents, selon les espèces. Il en est un, le mercure, qui est liquide à la température ordinaire ; d'autres qüi sont fusibles à la simple flamme d'une bougie ; d'autres, comme le platine, qui ne peuvent être fondus que par la plus violente chaleur qu'il soit possible de produire.

Dict. class. d'Hist. naturelle.

BEAUTÉS DE LA NATURE

DANS LE GENRE VÉGÉTAL.

Que de beautés décorent l'architecture de ce globe et le rendent habitable aux être sensibles ! Une ceinture de palmiers, auxquels sont suspendus la datte et le coco, l'entoure entre les brûlants tropiques, et des forêts de sapins mousseux le couronnent sous les cercles polaires. D'autres végétaux s'étendent, comme des rayons, du midi au nord, et viennent expirer à différents degrés. Le bananier s'avance depuis la ligne jusqu'aux bords de la méditerranée. L'oranger passe la mer, et borde de ses fruits dorés les rivages méridionaux de l'Europe. Les plus nécessaires, comme le blé et les graminées, pénètrent le plus loin, et, forts de leur faiblesse, s'étendent, à l'abri des vallées, depuis les bords du Gange jusqu'à ceux de la mer glaciale. D'autres, plus robustes, partent des rudes climats du nord, s'avancent sur les croupes du Taurus, et arrivent, à la faveur des neiges, jusque dans le sein de la zone torride. Les sapins et les cèdres couronnent les montagnes de l'Arabie et du royaume de Cachemire, et voient à leurs pieds les plaines brûlantes d'Aden et de Lahor, où se recueillent la datte et la canne à sucre. D'autres arbres, ennemis à la fois du chaud et du froid, ont leur centre dans les zones tempérées. La vigne languit en Allemagne et au Sénégal. Le pommier, l'arbre de ma patrie, n'a jamais vu le soleil à plomb sur sa tête, ou décrivant autour de lui le cercle entier de l'horizon, mûrir ses beaux fruits. Mais chaque sol a sa Flore et sa Pomone. Les rochers, les marais, les vases, les sables ont des végétaux qui leur sont propres. Les écueils mêmes de la mer sont sensibles. Le cocotier ne se plaît que sur les sables marins, où il laisse pendre ses fruits pleins de lait au-dessus des flots salés. D'autres plantes sont ordonnées aux vents, aux saisons et aux heures du jour avec tant de précision, que Linnæus en avait formé des almanachs et des horloges botaniques.

BERNARDIN DE SAINT-PIERRE.

CONTEMPLATION

D'UNE PRAIRIE.

De tous les lieux champêtres que nous parcourons tour à tour, celui où l'on revient le plus souvent, et qu'on a le plus de peine à quitter, est cet agréable tapis de verdure émaillé de mille fleurs que foulent les nombreux troupeaux de gros bétail, sur lequel bondit le tendre agneau, et qui est à la fois, pour tous ces êtres destinés au service de l'homme, le lit où ils prennent un doux repos, et une table couverte des mets les plus exquis.

Qu'il est doux de rêver en foulant à ses pieds l'herbe encore trempée de la rosée du matin ; en respirant la fraîcheur d'un air pur et tranquille ! Ce plaisir est perdu pour vous, enfants de la mollesse. Malheureux ! vous abandonnez la moitié de votre vie au sommeil, triste image de la mort !

Que de beautés s'offrent à mes regards , et qu'elles sont diversifiées ! Des milliers de végétaux , des milliers de créatures vivantes ! Celles-ci volent de fleur en fleur , tandis que d'autres rampent et se traînent dans les sombres labyrinthes de l'herbe épaisse. Infiniment variés dans leur forme et dans leur parure , tous ces insectes trouvent ici leur nourriture et leur plaisir ; tous habitent avec nous cette terre ; tous , quelque méprisables qu'ils paraissent , sont parfaits , chacun dans son espèce.

Que ton murmure est doux , source limpide , qui coule entre le cresson , le trèfle et la luzerne, dont les fleurs purpurines ou bleues sont agitées par le mouvement de tes petites vagues! Tes bords sont couverts d'herbes entremêlées de fleurs qui , se courbant vers l'onde , y tracent leur image.

Je me penche , et je regarde à travers cette forêt d'herbes ondoyantes. Quel doux éclat le soleil répand sur ces diverses nuances de vert ! Des plantes délicates s'entrelacent avec l'herbe , et y mêlent leur tendre feuillage ; ou bien , élevant orgueilleusement leurs tiges au-dessus de leurs compagnes , elles étalent des fleurs qui n'ont point de parfum, tandis que l'aimable violette croît à l'ombrage , et répand autour d'elle les plus douces exhalaisons. Au milieu de ces touffes vertes , je vois s'élever la tête radiée de la paquerette ou petite marguerite : le blanc et le rose des franges de son diadème relèvent le jaune dont sa tête est colorée. Le trèfle pourpré , cent variétés de renoncules et d'anémones , attirent mes regards , et méritent que je les fixe un instant. Cueillerai-je ce bouquet bleuâtre , où cinq ou six fleurs de même espèce sont réunies , et se disputent à l'envi la douceur et la fraîcheur des nuances ? Ici , la pensée solitaire étale la pourpre et l'or dont elle est embellie ; là , se levant par dessus toutes les autres , la grande consoude balance dans les airs un épi de fleurs rougeâtres , et semble régner surtout ce qui l'environne.

Des insectes ailés se poursuivent dans l'herbe : tantôt je les perds de vue au milieu de la verdure ; tantôt j'en vois un essaim s'élancer dans les airs , et s'égayer aux rayons du soleil. Quelle est cette fleur qui se balance près du ruisseau ? Que ses couleurs sont vives ! qu'elles sont belles !... Je m'approche , et ris de mon erreur : un papillon s'envole , et abandonne le brin d'herbe que son poids faisait fléchir. Ailleurs , j'aperçois un insecte revêtu d'une

cuirasse noire et orné d'ailes brillantes ; il
vient en bourdonnant se poser sur la campa-
nule , peut-être à côté de sa compagne.

Mais quel autre bourdonnement viens je
d'entendre ? Pourquoi ces fleurs courbent-elles
leurs têtes ?... C'est une troupe de jeunes
abeilles ; elles se sont envolées gaîment de leur
lointaine demeure , pour se disperser dans les
jardins et les prairies ; elles amassent le doux
nectar des fleurs, que bientôt elles iront porter
dans leurs cellules. Parmi elles , il n'est point
de citoyenne oisive : elles volent de fleur en
fleur , et , en cherchant leur butin , cachent
leur tête velue dans le calice des fleurs , ou
bien elles pénètrent avec effort dans celles qui
ne sont point encore ouvertes et qui se renferment ensuite sur elles.

Voyez ce joli scarabée courir sur le gazon.
Toutes les recherches du luxe , tout l'art
humain , ne peuvent imiter l'or verdâtre qui
couvre ses ailes , où toutes les couleurs de
l'arc-en-ciel viennent se jouer. Là , sur cette
fleur de trèfle , s'est posé un papillon ; il agite
ses ailes bigarrées; il ajuste les plumes brillantes
qui composent son aigrette , et semble fier de
ses charmes.

Oh ! que la nature est belle ! L'herbe et les

fleurs croissent en abondance, les arbres sont couverts de feuillage, le doux zéphir nous caresse, les troupeaux trouvent leur pâture, les tendres agneaux bêlent, s'ébattent, et se réjouissent de leur existence. Des milliers de pointes vertes s'élèvent de cette prairie; et, à chaque pointe, pend une goutte de rosée. Combien de primevères sont ici rassemblées! Comme les feuilles s'agitent! Et quelle harmonie dans les sons que le rossignol fait entendre de cette colline! Tout exprime la joie; tout l'inspire: elle règne dans les vallons et sur les coteaux, sur les arbres et dans les bocages.. Oh! que la nature est belle!

Sturm.

LES FEUILLES.

La racine étant presque toujours dérobée aux regards, on peut dire que le feuillage donne |seul un caractère à la plante. Il croît avec elle; il la dirige dans les airs, où il protége de son abri les tendres rameaux. Chargé de fonctions absorbantes et sécrétoires, il est à la fois le pourvoyeur et l'ornement de la tige à laquelle il communique son balancement onduleux. Aussi quelle prévoyance dans le bouton qui le contient!

Celui-ci, formé dans l'aisselle d'une feuille qui le nourrit et l'enveloppe de son pétiole, ne présente d'abord qu'un point presque imperceptible. Il croît graduellement, et se montre d'une manière plus distincte aux approches de l'hiver, époque à laquelle les frimats lui enlèvent sa protectrice. Mais si ce secours lui manque, c'est qu'il est déjà pourvu des pellicules et des gommes sous lesquelles il peut braver impunément la rude saison. C'est donc dans cet espace étroit que, pliés selon leurs formes, les feuillages attendent le printemps. A peine le soleil de mars a réchauffé la terre, qu'on les voit, de toutes parts, abandonner, déchirer, ou chasser les tuniques qui leur ont servi de berceau. Les arbres se coiffent de vertes chevelures, sous lesquelles leurs fronts cannelés se rajeunissent. Variés dans leur port comme dans leurs teintes, elles se groupent, se divisent, s'étalent ou flottent avec grâce. Tantôt agréables pendentifs, elles s'arquent et retombent en guirlandes ; tantôt, moins modestes, elles s'élèvent à la manière de faisceaux, de gerbes ou d'obélisques. Ici, c'est une flèche que l'on décoche ; là, c'est une touffe azurée qui se marie élégamment à l'horizon. Des feuilles innombrables se sont tout-à-coup étendues dans les airs, pareilles à l'épée qui sort du fourreau, à l'éventail que l'on déplisse, ou à la pièce d'étoffe que l'on déroule. Peu de jours viennent de s'écouler, et les bosquets se sont si bien enlacés, l'ombre s'est tellement épaissie, que l'on serait tenté de demander où donc avaient été mises en réserve ces riches et fraîches tentures dont s'est paré dans un instant le séjour de la race humaine ?

KÉRATRY.

DIVERSITÉ DES FLEURS.

La sagesse divine qui s'est jouée dans la distribution des couleurs dont les fleurs sont parées, a mis de nouveaux agréments dans l'air et dans la figure qu'elle a donnés à chacune d'elle. Parmi celles qui remplissent un parterre, les unes s'élèvent avec un port plein de dignité et de grandeur ; d'autres, sans faste et sans appareil, attirent les yeux par la régularité de leurs traits. Quelle élégance et quelle symétrie dans les pyramides sur lesquelles se montre le lis ! C'est sur le bord d'un ruisseau qu'élevant au milieu des herbes qui y croissent sa tige auguste, et réfléchissant dans les eaux ses superbes calices plus blancs que l'ivoire, il me fait admirer en lui le roi des vallées ; sa blancheur incomparable est plus éclatante encore, quand elle est mouchetée par de petits insectes de couleur écarlate, qui presque toujours y cherchent un asile. Au pied de cette fleur majestueuse, la modeste pensée semble craindre de se montrer; de loin, elle promet peu, de près, elle réjouit par des grâces singulières. Quelques fleurs brillent des plus riches couleurs, d'autres n'ont que la plus simple parure; celles-ci parfument l'air des plus douces odeurs, celles-là ne font que réjouir la vue par leur coloris et leurs formes agréables. Il en est qui réunissent tous les charmes. Quelle est belle la reine des fleurs, lorsque, sortant des fentes d'un rocher humide, elle brille sur sa propre verdure, lorsque le zéphir la balance sur sa tige hérissée d'épines; lorsque l'aurore l'a couverte de pleurs, et que, par son éclat et ses parfums, elle invite à la cueillir! Souvent une cantharide nichée dans sa corolle, en relève le carmin par son vert d'émeraude. C'est alors que cette fleur semble nous dire que, symbole du plaisir par ses attraits et son peu de durée, elle porte, comme lui, le danger autour d'elle, et le repentir dans son sein.

Bernardin de Saint-Pierre.

On dirait que les fleurs ont reçu l'ordre de naître sous les pas de l'homme : nulle partie dans la nature qui ne lui en offre tour à tour. Elles croissent au haut des arbres et sur l'herbe qui rampe ; elles embellissent les vallées et les montagnes ; les prairies en sont émaillées ; il les cueille au bord des bois, l'été et l'automne les font succéder les unes aux autres avec profusion.

Cette multitude, d'ailleurs, est nécessaire à nos besoins, car à combien d'accidents ne sont-elles pas exposées ! Si, par exemple, elles étaient en moindre quantité sur nos arbres fruitiers, il nous arriverait bien plus souvent de manquer de fruits. Et où les abeilles trouveraient-elles assez de miel, si la Providence n'avait pas autant multiplié les réservoirs où elles savent le puiser ?

Mais la variété qui règne entre les fleurs est peut-être plus surprenante encore. Il fallait certainement une puissance toute divine pour que les fleurs fussent aussi nombreuses qu'elles le sont, mais cette puissance devait être accompagnée d'une bonté non moins admirable, pour qu'il régnât à cet égard une telle diversité. S'il existait entre les fleurs une ressemblance parfaite, relativement à leur structure, à leur forme, à leur grandeur, à leurs parures, cette uniformité fatiguerait nos sens, et produirait l'ennui ; ou si l'été ne présentait de plantes et de fleurs que celles du printemps, nous nous lasserions de les contempler et de donner nos soins à leur culture. C'est donc un effet de la bonté divine d'avoir si agréablement diversifié les productions du règne végétal, et d'avoir ajouté à leur perfection les charmes d'une variété toujours nouvelle. Cette diversité ne s'étend pas seulement sur des familles entières du royaume des plantes, elle s'étend sur les simples individus : l'œillet est différent de la rose, la rose de la tulipe, la tulipe de l'oreille-d'ours, celle-ci du lis ; et chaque œillet, chaque tulipe, chaque oreille-d'ours, chaque lis, chaque rose a encore son caractère propre, ses beautés et ses variétés particulières. Dans chaque plante, dans chaque arbuste, il n'y a presque aucune fleur où l'on ne remarque quelque diversité, soit dans la structure, soit dans la grandeur, soit dans le mélange des couleurs ; on n'y trouve pas deux fleurs dont la forme et les nuances soient parfaitement semblables, et, quoique de la même espèce, chacune à ses ornements qui la distinguent.

On ne peut douter que la beauté des fleurs ne tende à inspirer la gaîté. La vue en est si touchante et le pouvoir si sûr, que la plupart des arts qui veulent plaire ne croient jamais mieux réussir qu'en empruntant leur secours. De tout temps elles furent le symbole de la joie. Elles étaient autrefois l'ornement inséparable des festins, et elles se montrent encore avec avantage sur la fin de nos repas, quand elles viennent, avec le fruit, ranimer la fête qui commence à languir. Les fêtes de la campagne ne se passent point sans guirlandes; celles des personnes de tout sexe et de tout rang commencent par une fleur; et si l'hiver la refuse, l'art sait la contrefaire. La jeune épouse parée magnifiquement au jour de ses noces, croirait qu'il lui manque quelque chose si elle ne l'ornait d'un bouquet; une reine, dans les plus grandes solennités, ne dédaigne pas cet ornement champêtre; elle aime à tempérer l'éclat de sa majesté par cet air de gaîté et de douceur que donnent le mélange et l'union des fleurs avec la beauté. La Religion elle-même, quoique si recueillie et si grave, ne laisse pas, dans certains jours, de permettre l'usage des rameaux, des bouquets et des chapeaux de fleurs.

Chaque fleur paraît au moment qui lui a été prescrit. Vous avez vu d'abord la perce-neige sortir de la terre, longtemps avant que les arbres se hasardassent à développer leurs feuilles, elle osa se montrer, et, de toutes les plantes, elle fut la première et la seule qui charma les yeux de l'amateur curieux et empressé. Parut ensuite la fleur de safran, mais timide, parce qu'elle était trop faible pour résister à l'impétuosité des vents. Avec elles, se montrèrent l'aimable violette et la brillante primevère. Ces plantes, et quelques autres sur les montagnes, nous annonçaient l'approche du brillant cortège des fleurs.

En effet, nous voyons après elles se montrer avec ordre les autres enfants de la nature : chaque mois étale les ornements qui lui sont propres. La tulipe commence à développer ses feuilles et ses fleurs ; bientôt la belle anémone formera un dôme en s'arrondissant ; la renoncule déploiera toute sa magnificence, et charmera nos yeux par l'heureuse distribution de ses couleurs. Les couronnes impériales, les narcisses à bouquet, le muguet, le lilas, l'iris et la jonquille s'empressent à décorer les parterres. Dans le lointain, les arbres fruitiers mélangent les couleurs les plus tendres avec la verdure naissante, et relèvent de toutes parts la beauté des jardins.

J'aperçois en même temps se développer le

feuillage des rosiers ; pour tenir le premier rang parmi l'aimable troupe des fleurs , leur reine va s'épanouir , et étaler tous les agréments qui la distinguent. Il n'y a personne qui ne soit touché des charmes qu'elle offre à nos regards. Qui peut , sans éprouver une douce émotion , voir une rose entr'ouverte aux rayons du soleil levant , toute brillante des gouttes de rosée dont elle est chargée , et mollement agitée sur sa tige légère par le vent frais du matin ? Les lis , les juliennes , les giroflées , les thlapis , les pavots accourent aux ordres de l'été , et l'œillet se montre avec toutes les grâces qui lui sont propres.

L'automne présente ensuite les pyramidales , les balsamines , les soleils , les tubéreuses , les amaranthes , l'œillet d'Inde , les colchiques , et cent autres espèces. La fête continue sans interruption ; celui qui y préside offre sans cesse de nouvelles beautés , et prévient , par d'agréables changements , les dégoûts inséparables de l'iniformité.

Sturm.

DU PARFUM DES FLEURS.

Des bosquets enchanteurs m'offrent une
retraite contre les ardeurs du soleil. Quel air
parfumé l'on y respire ! Déjà les grappes de
lilas en ont couronné les branches ; et leurs
petits tubes odoriférants s'éparpillent , et
jonchent la verdure qui tapisse les pieds de
cet arbuste ; tandis que l'arbre de Judée
épanouit près de là ses fleurs , et se distingue
par la vivacité de ses nuances. Le long de ses
tiges s'attache le chèvre-feuille , dont les
bouquets multipliés , dispersés , mêlés avec
ceux de l'arbre de Judée, laissent deviner à
qui ils doivent leur naissance. Les jasmins ,
moins élevés , garnissent d'une épaisse verdure
les murs et les treillages , et dispersent vague-
ment leurs fleurs isolées. Mes regards sont
fixés ; tous mes sens sont ravis. Des touffes
de roses naissent en mille endroits, et versent
de toutes parts une rosée de parfums délicieux ;

plus bas , de petits buissons de rosiers-nains
servent comme de bordure à ces riants tableaux.
Quelque embaumés que soient ces lieux charmants , il semble que les fleurs s'étudient à
conserver ce qu'elles ont de plus odoriférant
pour le soir et pour le matin , c'est-à-dire
pour le temps où la promenade est le plus
agréable.

Sturm.

Quoi donc ! les fleurs ont-elles de l'intelligence pour nous servir si obligeamment ?....
Admirez comment tout se tient dans la nature!
Il s'echappe des fleurs une transpiration perpétuelle , qui augmente à proportion que le
soleil est plus ardent. Les esprits aromatiques
se dispersent aisément dans un air raréfié par
la chaleur , et alors ils affectent faiblement
l'odorat , au lieu qu'ils ne percent qu'avec
peine l'air qui est resserré par le retour de la
nuit. L'action du soleil , qui les détache , est
trop faible le soir et le matin pour les écarter
à une grande distance , et, par leur réunion ,
ils font sur nous une impression plus forte.

Pluche.

Les odeurs ne sont pas moins diverses que

les fleurs, et quoiqu'on ne puisse déterminer en quoi consiste proprement leur différence, on s'en aperçoit cependant lorsqu'on passe d'une fleur à l'autre. Ce parfum n'est ni assez fort pour porter à la tête et blesser nos organes, ni assez faible pour qu'ils n'en soient pas suffisamment ébranlés. Les particules subtiles et légères que les fleurs exhalent, se répandent au loin et ne sauraient incommoder. Un grain d'ambre remplit de son odeur un vaste appartement. Celle du romarin qui croît dans la Provence, s'étend jusqu'à vingt milles en pleine mer. L'odeur des canneliers en fleurs se fait sentir à une très grande distance des iles Moluques, où ils croissent. Ces esprits sont si déliés et si fins, que la lumière du jour suffit pour les dissiper dans certaines fleurs. Le *géranium triste*, qui n'a point d'odeur durant le jour, en a une exquise durant la nuit.

Sturm.

La fleur donne le miel; elle est la fille du matin, le charme du printemps, la source des parfums, la grâce des vierges, l'amour des poètes; elle passe vite comme l'homme, mais elle rend doucement ses feuilles à la terre.

Chez les anciens, elle couronnait la coupe du banquet et les cheveux blancs du sage ; les premiers chrétiens en couvraient les martyrs et l'autel des catacombes ; aujourd'hui, et en mémoire de ces antiques jours, nous la mettons dans nos temples. Dans le monde, nous attribuons nos affections à ses couleurs : l'espérance à sa verdure, l'innocence à sa blancheur, la pudeur à ses teintes de rose ; il y a des nations entières où elle est l'interprète des sentiments : livre charmant qui ne renferme aucune erreur dangereuse, et ne garde que l'histoire fugitive des révolutions du cœur !

CHATEAUBRIAND.

LES PLANTES.

Admirez les plantes qui naissent de la terre;
elles fournissent des aliments aux sains et des
remèdes aux malades. Leurs espèces et leurs
vertus sont innombrables. Elles ornent la
terre, elles donnent de la verdure, des fleurs
odoriférantes et des fruits délicieux. Voyez-
vous ces vastes forêts qui paraissent aussi
anciennes que le monde; ces arbres s'enfoncent
dans la terre par leurs racines, comme leurs
branches s'élèvent vers le ciel. Leurs racines
les défendent contre les vents, et vont chercher, comme par de petits tuyaux souterrains,
tous les sucs destinés à la nourriture de leur
tige. La tige elle-même se revêt d'une dure
écorce, qui met les bois tendres à l'abri des
injures de l'air. Les branches distribuent en
divers canaux la sève, que les racines avaient
réunie dans le tronc. En été, ces rameaux
nous protégent de leur ombre contre les rayons

du soleil ; en hiver, ils nourrissent la flamme qui conserve en nous la chaleur naturelle : Leur bois n'est pas seulement utile pour le feu, c'est une matière douce, quoique solide et durable, à laquelle la main de l'homme donne sans peine toutes les formes qu'il lui plaît, pour les plus grands ouvrages de l'architecture et de la navigation. De plus, les arbres fruitiers, en penchant leurs rameaux vers la terre, semblent offrir leurs fruits à l'homme. Les arbres et les plantes, en laissant tomber leurs fruits ou leurs graines, se préparent autour d'eux une nombreuse postérité. La plus faible plante, le moindre légume contient en petit volume, dans une graine, le germe de tout ce qui se déploie dans les plus hautes plantes et dans les plus grands arbres. La terre qui ne change jamais fait tous ces changements dans son sein.

FÉNÉLON.

C'est à l'action de la chaleur sur les fluides que les végétaux doivent leur accroissement. Lorsqu'au retour du printemps les campagnes défigurées par l'hiver se changent en agréables jardins, et que les forêts sont prêtes

à se revêtir d'un tendre feuillage, la sève
monte de l'extrémité des racines dans la tige
des arbres qui commencent à revivre. En
effet, ces amas de sucs que la rigueur du
froid avait épaissis dans le sein de la terre,
n'est pas plus tôt mis en mouvement par les
rayons du soleil, qu'il s'en détache des exhalaisons de sels et de souffre dissous dans l'eau
qui lui sert de véhicule. Ces vapeurs humectent intérieurement la terre et la rendent féconde. La sève ainsi volatilisée s'élève en
particules imperceptibles, et rencontre les
canaux par lesquels la plante reçoit sa nourriture, elle entre dans ces fibres éparses, et
les remplit de sucs bienfaisants. De petites
valvules semées dans ces vaisseaux capillaires
s'ouvrent pour lui donner un libre passage,
et mettent en se fermant un obstacle insur-
montable à son retour. Cependant la chaleur
dénoue les germes des branches nouvelles
que l'année précédente avait insensiblement
formées. Déjà les sucs préparés à l'abri de
l'écorce se font jour au travers, et l'extrémité
luisante des boutons, laisse entrevoir les
feuilles et les fleurs entrelacées dans un ordre
merveilleux. Pour les pousser au-dehors dans
les premiers jours, c'est peut-être assez de la

sève que renferme l'intérieur de l'arbre ; restes précieux de l'automne qu'ont épargnés les frimats. Mais sans le secours des sucs plus récents, ces productions ébauchées ne peuvent se conserver et croître dans la suite. En même temps donc, et de la même manière que la liqueur contenue dans la tige en gagne le haut, il en survient une nouvelle qui s'élève du sein de la terre. Ainsi les tuyaux de l'arbre sont arrosés sans interruption par un fluide, dont toutes les parties se touchent et se soulèvent. A mesure que la saison s'avance, il devient plus abondant, et sa fermentation augmente. En effet, les pluies du printemps se joignent à celles de l'hiver, et déjà le soleil élevé sur l'horizon fait sentir toute la force de ses traits. Ils échauffent la surface de la terre, et répandent dans l'air une chaleur tempérée. Ainsi la sève inonde alors les racines qui s'allongent et s'étendent de toutes parts. Ses ruisseaux forment en se réunissant un fleuve qui pénètre dans l'intérieur du tronc, arrose le bois sous l'écorce encore tendre, remplit tous les canaux d'une rosée féconde, et porte dans les réservoirs de la moelle des aliments qui l'entretiennent. Il dépose les sucs qu'il charie, se charge de ceux qu'il rencontre, se mêlé avec l'ancien *ferment*, circule et s'insinue partout, ajoutant partout de nouvelles parties, de nouvelles couches aux anciennes. Bientôt il croît au point que l'intérieur de la tige ne peut plus le contenir. Alors il entre dans toutes les cavités où résident les radicules des branches, fait éclore des rameaux souvent doubles, quelquefois triples, porte enfin une liqueur nourrissante dans les cellules où sont renfermés les fruits naissants et les graines qui doivent les reproduire un jour. Les fruits grossissent, lorsque cette fleur passagère qui les annonce est tombée : ils reçoivent insensiblement la forme et le goût qui leur est propre, et les feuilles en se développant couvrent les fruits de leur ombrage. Ainsi par la seule élévation d'une liqueur chargée de sucs nourriciers, et sorti du sein d'une terre féconde, on a vu naître d'abord, se former ensuite peu à peu, croître enfin dans toutes ses parties, cet arbre, qui placé sur la cime d'une montagne, frappe tous les yeux par sa hauteur, et qui portant sa tête touffue dans la région des vents, épuise par une forêt de racines la terre qui le nourrit.

DE POLIGNAC.

DE LA MULTITUDE

DES PLANTES.

La douce lumière du soleil nous appelle dans les champs : c'est là qu'une joie pure nous est réservée ; c'est dans ce vallon fleuri que nous allons adresser un hymne au Créateur.

Comme le souffle du zéphir agite doucement chaque rameau, chaque feuille de ces buissons ! tout ce qui paraît devant nos yeux saute, bondit, folâtre, ou bien entonne des champs d'allégresse : tout semble rajeuni, animé d'une nouvelle vie.

Bois touffus, vallées charmantes, et vous, montagnes, que la nature pare de ses dons, votre aspect récrée nos sens et flatte notre cœur ; vos attraits ne doivent rien à l'art, et ils effacent l'éclat des jardins.

Le grain mûrit, et bientôt il invitera le

laboureur à y porter la faux. Les arbres couronnés de feuilles, ombragent les collines et les campagnes. Les oiseaux jouissent de leur existence; ils chantent leurs plaisirs; leurs accents expriment ou la tendresse, ou la joie. Le paisible cultivateur voit renouveler ses trésors : dans ses regards sereins brillent la liberté et le sentiment du bonheur, l'odieuse calomnie, l'orgueil ni les noirs soucis, dont l'habitant des villes est trop souvent dévoré, ne viennent point troubler le repos de ses matinées, ni peser sur ses nuits.

Aucun lien ne peut empêcher le sage qui aime à exercer ses sens et sa raison, de venir goûter les douceurs innocentes et si pures qu'on trouve au sein des campagnes. Là , de riches paccages, des prairies couvertes de rosées, et les riants objets qui s'offrent de toutes parts, remplissent son ame d'une douce joie, et l'élève jusqu'à son Créateur.

La contemplation de la nature dans le règne végétal, ne nous promet pas seulement des plaisirs enchanteurs; j'ajoute qu'ils ne peuvent être plus variés. Un botaniste moderne se vante d'avoir fait une collection de vingt-cinq mille espèces de végétaux; et il porte à quatre ou cinq fois autant le nombre

de celles qu'il n'a pas vues. Mais cette évalua-
tion est bien faible, si l'on considère que l'on
ne connaît presque rien de l'intérieur de l'A-
frique, de celui des trois Arabies, et même
des deux Amériques; fort peu de chose de la
nouvelle Guinée, des nouvelles Hollande et
Zélande, et des îles nombreuses de la mer du
sud. On ne connaît guère que quelques rivages de l'île de Ceylan, de celles de Mada-
gascar, des Archipels immenses, des Philip-
pines et des Moluques, et de presque toutes
les îles de l'Asie : pour son vaste continent, à
l'exception de quelques grands chemins dans
l'intérieur, et de quelques côtes où trafiquent
les Européens, on peut dire qu'il nous est
tout-à-fait inconnu. Combien des terreins en
Tartarie, en Sibérie, et dans beaucoup de
royaumes de l'Europe même où jamais les
botanistes n'ont mis le pied ! En un mot, s'il
est permis de hasarder des conjectures à ce
sujet, peut-être n'y a-t-il pas de lieue carrée
sur la terre qui ne présente quelque plante
qui ne lui soit propre, ou du moins qui n'y
vienne mieux, qui soit plus belle qu'en aucun
autre endroit du monde : ce qui doit porter
à plusieurs millions le nombre d'espèces primitives répandues sur la surface solide du globe.

A l'aide du microscope, on a trouvé des plantes dans les lieux où l'on pouvait le moins s'y attendre : la mousse a été se ranger parmi les végétaux, les taches brunes et noirâtres dont sont couvertes les pierres de tailles, sont devenues des plantes elles-mêmes; on en découvre jusques sur le verre le mieux poli. Cette moisissure, qui s'attache à presque tous les corps, offre un jardin, une prairie, une forêt, où les plantes, malgré leur extrême petitesse, ont des fleurs et des graines.

Si donc on réfléchit sur la quantité de mousse qui couvre jusqu'aux pierres les plus dures, jusqu'aux lieux les plus arides; sur la quantité d'herbes qui ornent la surface de la terre; sur les diverses espèces de fleurs qui récréent nos sens; sur tous les arbres et les arbustes: si l'on y joint les plantes aquatiques, dont la finesse égale celle d'un cheveu, et qui, pour la plupart, n'ont pas été examinées suffisamment, on ne pourra qu'être frappé de l'étendue du règne végétal. Mais, ce qu'il y a de plus merveilleux encore, c'est que toutes ces espèces se conservent sans que l'une détruise l'autre. Le Souverain de la nature à désigné à chacune un séjour analogue aux qualités qui lui sont propres : il les a distri-

buées partout avec sagesse ; aucun lieu n'en
est dépourvu ; et nulle part elles ne croissent
avec trop d'abondance. Telles plantes deman-
dent à s'élever en plein champ exposées au
soleil : elles périraient à l'ombre des forêts, ou
du moins elles ne feraient qu'y languir. D'autres ne peuvent subsister que dans l'eau ; et
ici, les diverses qualités de cet élément occasionnent de grandes variétés. Quelques-unes
poussent dans le sable ; d'autres encore dans
les marais et dans les lieux bourbeux sub-
mergés par intervalles : celles-ci germent sur
les premières couches de la terre ; celles-là
ne se développent que dans son sein. Les
différents sols ont leurs productions particulières ; et dans l'immense jardin de la nature ,
depuis la poussière jusqu'au rocher le plus
dur, depuis la zone torride jusqu'aux zones
glaciales, il n'est pas un endroit qui soit
absolument stérile.

Sturm.

OBSERVATIONS
SUR LES PLANTES.

Les plantes, dit-on, sont des corps mécaniques. Essayez de faire un corps aussi mince, aussi tendre, aussi fragile que celui d'une feuille, qui résiste des années entières aux vents, aux pluies, à la gelée et au soleil le plus ardent. Un esprit de vie indépendant de toutes les latitudes régit les plantes; les conserve et les reproduit. Elles réparent leurs blessures, et elles recouvrent leurs plaies de nouvelles écorces. Les pyramides de l'Egypte s'en vont en poudre, et les graminées du temps de Pharaon subsistent encore. Que de tombeaux grecs et romains, dont les pierres étaient ancrées de fer, ont disparu! Il n'est resté, autour de leurs ruines, que les cyprès qui les ombrageaient. C'est le soleil, dit-on, qui donne l'existence aux végétaux et qui l'entretient, mais ce grand agent de la nature, tout-puissant qu'il est, n'est pas même la cause unique et déterminante de leur développement. Si la chaleur invite la plupart de ceux de nos climats à ouvrir leurs fleurs, elle en oblige d'autres à les fermer : tels sont, dans ceux-ci, la belle-de-nuit du Pérou, et l'arbre triste des Moluques, qui ne fleurissent que la nuit. Son éloignement même de notre hémisphère n'y détruit point la puissance de la nature. C'est alors que végètent la plupart des mousses qui tapissent les rochers d'un vert d'émeraude, et que les troncs des arbres se couvrent dans les lieux humides, de plantes imperceptibles à la vue, appelées minium et lichen, qui les font paraître au milieu des glaces comme des colonnes de bronze vert. Ces végétations, au plus fort de l'hiver, détruisent tous nos raisonnements sur les effets universels de la chaleur, puisque des plantes d'une organisation si délicate semblent avoir besoin, pour se développer, de la plus douce température. La chute même des feuilles, que nous regardons comme un effet de l'absence du soleil, n'est point occasionnée par le froid. Si les palmiers les conservent toute l'année dans le midi, les sapins les gardent au nord, en tout temps. A la vérité, les bouleaux, les mélèzes et plusieurs autres espèces d'arbres les perdent, dans le nord, à l'entrée de l'hiver, mais ce dépouillement arrive aussi à d'autres arbres dans le midi. Ce sont, dit-on, les résines qui conservent dans le nord celles des sapins, mais le mélèze qui est résineux, y laisse tomber les siennes ; et le silaria, le lierre, l'alaterne et plusieurs autres espèces qui ne le sont point, les gardent chez nous toute l'année. Sans recourir à des causes mécaniques, dont les effets se contredisent toujours dès qu'on veut les généraliser, pourquoi ne pas reconnaître dans ces variétés de la végétation, la constance et la sagesse de la providence ?

BERNARDIN DE SAINT-PIERRE.

La première chose qui me frappe, est le choix que Dieu a fait de la couleur générale qui embellit toutes les plantes. Le vert naissant, dont il les a revêtues, a une telle proportion avec les yeux, qu'on voit bien que c'est la même main qui a coloré la nature, et qui a formé l'homme pour en être spectateur. S'il eût teint en blanc ou en rouge toutes le

campagnes, qui aurait pu en soutenir l'éclat
ou la dureté ? S'il les eût obscurcies par de
couleurs plus sombres, qui aurait pu faire se
délices d'une vue si triste et si lugubre ? Une
agréable verdure tient le milieu entre ces deux
extrémités, et elle a un tel rapport avec la
structure de l'œil, qu'elle le délasse au lieu de
le tendre, et qu'elle le soutient et le nourrit
au lieu de l'épuiser.

Mais ce que je croyais d'abord n'être qu'une
couleur, est une diversité de teinture qui
m'étonne. C'est du vert partout : mais ce n'est
nulle part le même. Aucune plante n'est colorée
comme une autre. Je les approche, je les
compare, et je trouve en les comparant, que
la différence est sensible. Cette surprenante
variété, qu'aucun art ne peut imiter, se
diversifie encore dans chaque plante, qui est,
dans son origine, dans son progrès et dans sa
maturité, d'une espèce de vert différent. Et
je suis moins surpris, après cette observation
qui augmente mon admiration, que les nuances
innombrables d'une même couleur m'attirent
toujours et ne me rassasient jamais.

De ces observations générales, je passe à
une étude particulière des plantes ; et outre
la variété incompréhensible que je trouve

entre elles pour la figure, l'odeur, le goût, les usages, ou pour la nourriture, ou pour les remèdes, je suis principalement touché de deux choses : de la manière dont chaque plante est pourvue de tout ce qui est nécessaire à sa nature, et de la décence avec laquelle tout y est placé. Je ne vois aucune feuille négligée. L'ordre et la symétrie sont sensibles en tout.

L'abbé Duguet.

Voyez cette plante qu'on nomme *sensitive*. Ne semble-t-elle pas fuir notre approche et se dérober à la main qui la touche, comme si cette main devait lui porter un coup mortel ? Elle va même, si vous insistez, jusqu'à rapprocher de sa tige toutes ses branches, avec une apparence de tristesse, jusqu'à tomber précipitamment la tête penchée vers la terre. Cessez de la poursuivre, vous la verrez alors se relever, épanouir une seconde fois ses feuilles, et reverdir avec un air de sérénité. Elle doit toute sa beauté, toute sa vigueur, à la sève qui coule dans ses vaisseaux; mais ils sont tels, que le moindre coup qui leur est porté par la pluie, par une main, par une baguette, arrête le cours de ce suc nourricier et l'oblige à refluer dans les racines. La plante alors desséchée se resserre : vous voyez ses fibres tressaillir et ses feuilles se replier.

Vous avez observé, sans doute, entre les feuilles de la vigne et celles du lierre, des fils assez longs dont ces arbrisseaux se servent pour s'élever, en s'attachant à des appuis étrangers. Sans ce secours, qui remédie à la faiblesse de leurs branches, on les verrait ramper l'un et l'autre, et leur tronc, incapable de se soutenir, ne croîtrait que pour être foulé. Si donc, il se trouve auprès d'eux un mur, un arbre, une colonne, ils y tendent ; ils avancent, pour les saisir, ces espèces de doigts qu'ils ont reçus de la nature ; ils embrassent ces appuis sans jamais s'en détacher, et bientôt ils en égalent la hauteur.

Un grand nombre de légumes, comme les fèves, la courge, le pois-chiche, et cet autre espèce de pois que les modernes Lucullus paient si cher, font la même chose que la vigne. Ils font plus ; lorsque rien autour d'eux ne leur présente un appui, il se prêtent au soutien mutuel, en entrelaçant leurs branches minces et déliées de la manière la plus propre à leur donner de la consistance. Semez des houblons autour d'un orme, vous les verrez d'abord s'élever sur des lignes parallèles, mais bientôt leurs tiges s'inclinent et se penchent vers cet arbre pour y trouver un soutien. L'obliquité de leurs mouvements les en rapproche, et toutes parviennent enfin à le toucher. Elles l'ont à peine saisi qu'elles commencent à former autour du tronc une espèce de volute, une chaîne spirale qui l'enveloppe insensiblement. De là elles gagnent chaque branche, qui voit en peu de temps naître autour d'elle de semblables liens. L'orme se couvre de feuilles qu'il n'a pas poussées, et dont la multitude dérobe la vue des siennes. Une telle manœuvre dans cette plante ne vous paraît-elle pas digne d'admiration? Il est une espèce de chêne, qui pour croître et se conserver, a besoin en même temps d'une nourriture forte et d'un air libre; ses racines se détournent des terrains maigres, sablonneux, arides, et vont au-delà puiser une sève plus abondante; sa tige s'élève promptement. Est-il confondu dans une forêt avec des arbres de différentes espèces, il se hâte de porter sa tête an-dessus d'eux, pour jouir en liberté de l'air dont ses dangereux voisins lui déroberaient une partie.

Ces plantes ont-elles donc une ame? Ces

merveilles ne s'opèrent pas sans connaissance, ni sans dessein. Ces mains, ces bras ont été sans doute accordés par une intelligence à de faibles arbrisseaux, dont la tige, par elle-même trop faible, avait besoin de ce secours.

DE POLIGNAC.

L'ABYSSINIE.

En Abyssinie, comme dans tous les pays situés sous la zone torride, la présence de l'eau appelle toutes les richesses d'une végétation vigoureuse. Les plaines arrosées par des fleuves offrent, non pas d'immenses forêts, mais des massifs rapprochés d'arbres touffus, dont les formes variées attestent la puissance du climat des tropiques. Le gigantesque *bao-bab*, dont le tronc a quelquefois quatre-vingts pieds de tour, étend au loin des branches nombreuses garnies de feuilles d'un vert éclatant, et ses derniers rameaux, retombant vers la terre, forment des arcs de feuillages qui, dans leur ensemble, ont plutôt l'air d'un bois épais que d'un seul arbre. Le *daro*, qui se plaît au bord des torrents, semble choisir, pour les protéger de son ombre bienfaisante, les sites les plus pittoresques. Des sycomores toujours verts, des tamarins, de hauts dattiers, le *Kuara* aux fleurs plus rouges que le plus beau corail, le *mimosa* qui produit la gomme, l'arbre *cusco*, le *wansey*, dont les fleurs blanches s'ouvrant toutes à la fois semblent une neige nouvelle, toutes ces riches productions s'élèvent par bouquets au milieu d'élégants arbustes et de fleurs odoriférantes dont les plaines humides sont entièrement tapissées, tandis que des plantes grimpantes, la liane flexible, la vigne toute chargée de petites grappes noires, courent d'arbre en arbre, suspendues en festons comme pour un jour de fête. A l'ombre de ces immenses dais de verdure, des milliers d'oiseaux, des singes de différentes espèces viennent chercher une retraite, et, par leurs mouvements agiles ou leurs chants joyeux, égaient une solitude que les pas de l'homme ont rarement troublée.

Dans les contrés plus arides, le *cactus*, l'espèce d'euphorbe appelée *Kolqual*, le palmier nain, le *Kantuffa* couvert d'épines, donnent seuls quelque apparence de végétation à une terre rougeâtre que des sources bienfaisantes n'arrosent jamais. Là, le chacal, la hyène poursuivent des troupes nombreuses de gazelles, et d'antilopes, qui, par leur

course rapide , se dérobent quelquefois à ces
cruels ennemis. Dans les régions monta-
gneuses, les oliviers sauvages, les cèdres
élevés servent d'asiles aux lions, aux linx,
aux panthères, à tous ces monstres dont l'A-
frique est comme la patrie. Sur le bord des
étangs ou des rivières, les cannes, les bambous, le papyrus élancé, dont la tête est
couronnée d'un gracieux panache, baignent
leurs pieds dans l'eau limpide; mais leurs tiges
élégantes et frêles sont souvent brisées par le
passage du rhinocéros bicorne ou du pesant
hippopotame , dont la chasse est, pour les
Abyssins qui habitent les bords du Tacazé,
une occupation favorite.

Si nous admirons tant de richesses répandues sur le sol de l'Abyssinie; si, parcourant
toute l'échelle de la végétation, nous voyons
le magnifique palmier, l'arbre à baume, le
cafier à la fève aromatique, commencer une
série qui s'élève sur la pente des montagnes, et
se continue jusqu'aux derniers lichens cachés
sous la neige, nous devons penser que la nature n'a point refusé non plus aux habitants
ces graminées humbles dans leurs formes,
mais dont les graines sont pour l'homme la
nourriture la plus précieuse. En effet, le fro-

ment, le maïs, l'orge, l'avoine atteignent en
Abyssinie des dimensions extraordinaires. Le
teff, inconnu à nos climats, se couvre au
printemps de fleurs empourprées, puis de
graines oblongues qui donnent une farine
savoureuse; et si les récoltes sont dévorées
par ces nuées de grandes sauterelles, qui
quelquefois détruisent en un jour l'espoir du
laboureur; *l'ensète*, espèce de bananier dont
le fruit n'est pas mangeable, offre dans sa
tige, quand elle n'a pas encore acquis toute
sa croissance, un aliment abondant et exquis.

A. N. DESVERGERS.

DES FORÊTS.

Ce n'est point l'homme qui a été chargé de planter ni d'entretenir les forêts. Le blé, les légumes, la vigne, et quelques arbres assez peu élevés ont été soumis à son industrie, pour l'occuper et pour l'exercer utilement. Les plantes qu'ils cultivent ont été proportionnées à sa petitesse. Elles montent peu, pour ne pas refuser un accès facile à la main qui les façonne, mais Dieu s'est réservé les arbres des forêts : et quoiqu'il donne aussi l'être et l'accroissement à toutes les autres plantes, les forêts sont proprement son jardin. Lui seul les a plantées : lui seul les entretient. C'est lui qui en disperse les petites graines sur toute une large contrée. C'est lui qui a donné des ailes à la plupart de ces graines, pour être plus aisément emportées par l'air et répandues en plus de lieux. Il suffit pour s'en convaincre, de jeter l'œil sur la graine du tilleul, de l'érable, et de l'orme. C'est lui qui en tire ensuite ces vastes corps qui s'élèvent si majestueusement dans les airs. Lui seul les affermit par de fortes attaches, et les maintient dans la durée de plusieurs siècles, contre les efforts des vents qu'il envoie sur la terre. Lui seul tire de ses trésors des rosées et des pluies suffisantes, pour leur rendre tous les ans une verdure nouvelle, et pour y entretenir une espèce d'immortalité. Nous allons encore aujourd'hui dans les forêts où les druides cueillaient en cérémonie le gui du chêne, il y a plus de deux mille ans. Nous retrouvons encore la forêt d'Ardennes, qui couvrait une grande partie de la Gaule-Belgique, long-temps avant Jules-César : la forêt noire, et la forêt de Bohême sont les restes de la forêt hercinienne, qui couvrait autrefois la Germanie entière, et s'étendait jusqu'en Transylvanie.

PLUCHE.

Nous contemplons avec plaisir une belle forêt. Les troncs de ses arbres, comme ceux des hêtres et des sapins, surpassent en beauté et en hauteur les plus magnifiques colonnes : ses voûtes de verdure l'emportent en grâce et en hardiesse sur celles de nos monuments. Le jour, je vois les rayons du soleil pénétrer son épais feuillage, et à travers mille teintes de verdure peindre sur la terre des ombres mêlées de lumière ; la nuit j'aperçois les astres se lever çà et là sur ces cimes, comme si elles portaient des étoiles dans leurs rameaux ; c'est un temple auguste qui a ses colonnes, ses portiques, ses sanctuaires et ses lampes; mais les fondements de son architecture sont encore plus admirables que son élévation et que ses décorations. Cet immense édifice est mobile : le vent souffle, les feuilles sont agitées et paraissent de deux couleurs; les troncs s'ébranlent avec leurs rameaux et font entendre au loin de religieux murmures. Qui peut tenir de bout ces colonnes colossales mouvantes ? leurs racines. Ce sont elles qui, avec les siècles, ont élevé sur une plage aride une couche végétale, qui, par l'influence du soleil, a changé l'air et l'eau en sève, la sève en feuilles et en bois; ce sont elles qui sont les cordages, les leviers et les pompes aspirantes de cette grande mécanique de la nature; c'est pour elles qu'elle supporte l'impétuosité des vents, capables de renverser des tours. La vue d'une forêt m'inspire les plus douces méditations; je me dis, comme à l'aspect d'un magnifique spectacle : Le machiniste, le décorateur et le poète sont sous le théâtre et derrière la toile ; ce sont eux qui ont préparé toute la scène, et qui la font mouvoir avec ses acteurs : de même les agents des forêts sont sous la terre, et ce que je ne vois pas à sa surface est encore plus digne de mon admiration que ce que j'y vois.

Plus d'une fois, assis au pied d'un arbre, je me suis livré aux plus doux sentiments à la vue des rameaux couverts de fruits, dans les lieux où on les contemple bercés par les brises marines, et peuplés de singes et d'oiseaux de toutes les couleurs. Ces murmures forestiers, ces cris et ces chants de joie et de reconnaissance me disaient d'une manière bien intelligible : Il y a ici un Dieu prévoyant.

BERNARDIN DE SAINT-PIERRE.

LES FORÊTS DU BRÉSIL.

Le naturaliste qui arrive ici pour la première fois, ne sait ce qu'il doit le plus admirer des formes, des couleurs, ou des cris si divers des animaux. Excepté à midi, lorsque toutes les créatures de la zone torride cherchent l'ombre et le repos, et qu'un silence solennel se répand sur toute la nature qu'illuminent les rayons d'un soleil éblouissant, chaque heure du jour met en mouvement une race différente d'animaux.

Le matin est annoncé par les glapissements des singes, par les sons aigus que forment les crapauds et les grenouilles, et par le ramage monotone des cigales. Lorsque le soleil a dissipé les vapeurs qui le précédaient, tous les animaux se félicitent à la fois de la renaissance du jour. Les guêpes quittent leurs longs nids suspendus aux branches des arbres. Les fourmis sortent des habitations singulières qu'elles se sont construites, et s'avancent vers les sentiers qu'elles ont elles-mêmes tracés pour leur usage. De charmants papillons, dont les couleurs sont aussi éclatantes que celles de l'arc-en-ciel, tantôt isolés et tantôt réunis, voltigent de fleur en fleur, ou vont chercher leur nourriture sur les routes et sur les bords sablonneux des ruisseaux. Des myriades d'escarbots bourdonnent dans l'air, ou étincellent comme des diamants parmi les fleurs et sur la verdure.

Dans le même temps d'agiles lézards, remarquables par leurs formes et la vivacité de leurs couleurs, sortent de dessous le gazon et de trous creusés dans le sol. Des serpents vénimeux d'une couleur sombre, d'autres reptiles inoffensifs, plus brillants que l'émail des fleurs, se glissent sur la tige des arbres, et guettent, en s'épanouissant au soleil, les insectes et les oiseaux.

A partir de cet intervalle de la journée, tout est vie et mouvement. Des écureuils et des singes, réunis en troupes, sortent des forêts et se dirigent vers les plantations en sifflant, en s'appelant et en bondissant d'arbre en arbre. Une multitude d'oiseaux, de formes singulières et du plus beau plumage, volti-

gent ensemble ou séparément à travers les
buissons. Des perroquets verts, bleus, rouges,
se rassemblent sur le sommet des arbres, ou
volent vers les îles, en remplissant l'air de
leurs cris perçants. Le toucan, posé sur l'extrémité des branches, appelle la pluie d'un
ton plaintif, avec son grand bec creux. Les
loriots sortent de leurs nids, auxquels ils
donnent la forme d'un sac, pour aller visiter
les orangers, et leurs sentinelles annoncent
l'approche de l'homme par des cris aigus.
En même temps la grive, cachée dans l'épaisseur du feuillage, témoigne sa joie par des
chants pleins de douceur et de mélodie. Le
manakie, dont la voix ressemble à celle du
rossignol, s'amuse, en chantant dans les
buissons, tantôt d'un côté, tantôt de l'autre,
à égarer les chasseurs ; tandis que le pivert
fait au loin résonner la forêt, en arrachant
l'écorce des arbres.

Tandis que chaque créature vivante salue
de cette manière la splendeur du jour, le
charmant oiseau-mouche, dont la beauté et
le lustre rivalisent avec ceux des diamants,
des émeraudes et des saphirs, se balance sur
ses ailes au-dessus des fleurs. Lorsque le soleil
commence à baisser, la plupart des animaux

se retirent et vont prendre du repos; mais le daim, le timide pécari, le tapir, le craintif agouti continuent à brouter le gazon. L'oposum et tous les animaux rusés de l'espèce du chat, se glissent à travers l'obscurité de la forêt pour surprendre leur proie, jusqu'à ce qu'enfin les glapissements du singe, les cris des paresseux, qui ressemblent à des cris de détresse, le coassement des grenouilles, le bruit monotone des sauterelles terminent la journée. La nuit tombe; alors d'innombrables essaims de mouches et de vers luisants commencent à briller dans l'ombre, et d'énormes chauves-souris voltigent comme des fantômes dans l'épaisseur des ténèbres.

Spix et Martius.

LES FORÊTS ET LES PLANTES
AGITÉES PAR LES VENTS.

Qui pourrait décrire les mouvements que l'air communique aux végétaux ? Combien de fois, loin des villes, dans le fond d'un vallon solitaire couronné d'une forêt, assis sur les bords d'une prairie agitée des vents, je me suis plû à voir les mélilots dorés, les trèfles empourprés et les vertes graminées former des ondulations semblables à des flots, et présenter à mes yeux une mer de fleurs et de verdure ! Cependant les vents balançaient sur ma tête les cimes majestueuses des arbres. Chacun a son mouvement. Le chêne au tronc raide ne courbe que ses branches ; l'élastique sapin balance sa haute pyramide ; le peuplier robuste agite son feuillage mobile, et le bouleau laisse flotter le sien dans les airs comme une longue chevelure. Ils semblent animés de

passions ; l'un s'incline profondément auprès
de son voisin comme devant un supérieur ;
l'autre semble vouloir l'embrasser comme un
ami ; un autre s'agite en tout sens comme
auprès d'un ennemi. Quelquefois un vieux
chêne élève au milieu d'eux ses longs bras
dépouillés de feuilles et immobiles; comme un
vieillard , il ne prend plus de part aux agitations qui l'environnent : il a vécu dans un
autre siècle.

Cependant ces grands corps insensibles font
entendre des bruits profonds et mélancoliques.
Ce ne sont point des accents distincts , ce sont
des murmures confus , comme ceux d'un
peuple qui célèbre au loin une fête par des
acclamations. Il n'y a point de voix dominante ,
ce sont des sons monotones, parmi lesquels se
font entendre des bruits sourds et profonds ,
qui nous jettent dans une tristesse pleine de
douceur. C'est un fond de concert qui fait
ressortir les chants éclatants des oiseaux ,
comme la douce verdure est un fond de couleur sur lequel se détache l'éclat des fleurs et
des fruits.

Le bruissement des prairies , ces gazouillements des bois ont des charmes que je préfère
aux plus brillants accords : mon ame s'y

abandonne ; elle se berce avec les feuillages
ondoyants des arbres ; elle s'élève avec leur
cime vers les cieux ; elle se transporte dans les
temps qui les ont vu naître et dans ceux qui
les verront mourir ; ils étendent dans l'infini
mon existence bornée et fugitive.

BERNARDIN DE SAINT-PIERRE.

———

LES LIANES DU BRÉSIL.

Nous n'omettrons pas une famille de plantes dont l'industrie sauvage tire déjà de nombreux avantages, et qui donnent aux forêts équinoxiales un caractère dont rien ne saurait approcher dans nos contrées. Au Brésil, les lianes portent dans toutes les provinces le nom générique de *cipo*. A moins d'avoir parcouru les grands bois de l'intérieur ou de la côte orientale, il est impossible d'imaginer l'aspect sauvage et grandiose que donnent certaines lianes aux passagers ; variées à l'infini dans leur port, dans leur feuillage, dans la manière dont elles vont jeter capricieusement leurs bras gigantesques au milieu des arbres séculaires que leur étreinte fait quelquefois mourir ; interrompues souvent dans leur croissance par des rochers qu'elles recouvrent de fleurs, pour

11.

aller se jouer au sommet des plus grands arbres, avant de redescendre en longs filaments; partout elles offrent l'aspect le plus bizarre et presque toujours une végétation pleine d'élégance. Ici, c'est une multitude de cordages, pendants, entremêlés, semblables aux manœuvres embarrassées d'un vaisseau; là, ce sont des jets verdoyants, balançant leurs guirlandes fleuries et servant de retraite aux oiseaux, qui souvent se plaisent à y placer leur nid, abandonné presque toujours alors aux brises de la forêt; plus loin, vous voyez comme un reptile à la peau bronzée, qui grimpe en tournoyant le long d'un sicupira immense ou d'un vinhatico, pour se cacher dans la sombre voûte que forment les branches en se courbant; partout c'est un luxe de rameaux entremêlés de fleurs détachées en guirlandes, qui atteste la force de la végétation et qui fait le luxe des forêts. Quelquefois quand ces cipos gigantesques croissent au bord d'un petit fleuve, et qu'un Vinhatico robuste leur sert de soutien, l'industrie du colon tresse ses grands rameaux flexibles, elle leur fait décrire une courbe immense au-dessus du fleuve, et bientôt le chasseur s'y balance d'un pied assuré. Un pont de lianes, dans ces contrées désertes, est un bienfait inattendu. qu'on doit quelquefois à une famille isolée ou à une tribu sauvage, et que bénit toujours le voyageur.

FERDINAND DENIS.

LES ZOOPHYTES.

Je demande grâce pour cette expression barbare qui n'est pas même philosophique. Je voudrais rendre par un seul mot ces propriétés si remarquables, communes à divers insectes, et qui semble les rapprocher beaucoup des plantes. Des animaux qui multiplient, comme elles, de *boutures* et par *rejetons*; des animaux qu'on greffe, paraissent être de vrais *zoophytes* ou des *animaux-plantes*. Je sais bien que ce sont au fond de purs animaux, mais qui ont plus d'affinité avec les plantes que n'en ont les animaux plus généralement connus, et c'est cette sorte d'affinité que le mot de *zoophytes* doit réveiller dans l'esprit.

Physiciens, qui aviez approfondi le secret de l'économie animale; anatomistes, qui aviez consacré vos savantes veilles à l'étude du corps humain, aviez-vous soupçonné qu'il existât des animaux dont la structure imitât assez celle des plantes, pour renaître comme elles de leurs débris ? Non, vous ne l'aviez point soupçonné, et plus vos connaissances anatomiques étaient profondes, plus vous vous seriez refusés à un soupçon qui les choquaient toutes. Pleins des modèles que vous offraient les grands animaux, vous aviez puisé dans ces modèles vos idées d'animalité. Et comment, sur de pareilles idées, eussiez-vous imaginé la reproduction totale d'un cerveau, d'un cœur, d'un estomac et de tous les viscères essentiels à la vie ? Une semblable régénération était déjà très merveilleuse dans le végétal, et combien l'organisation de l'animal vous paraissait-elle différer de celle du végétal ! Combien les organes du premier vous paraissaient-ils plus composés, plus multipliés, plus divers, plus dépendants et plus inséparables les uns des autres ! Comment donc eussiez-vous deviné l'existence d'un animal qui ne montre ni cerveau, ni cœur, ni artères, ni veines, et qui semble être tout estomac, tout intestin, et dont les jambes ou les bras sont encore

estomac et intestin ? Comment enfin eussiez-
vous présumé l'existence d'un animal qui peut
être greffé comme un prunier, et retourné
comme un gant ; et qui met ses petits au jour
comme un arbre y met ses branches ?

C. BONNET.

LES INSECTES.

Jetons les yeux sur ce que la nature a créé de plus faible, sur ces atomes animés, pour lesquels une fleur est un monde, et une goutte d'eau un océan. Les plus brillants tableaux vont nous frapper d'admiration. L'or, le saphir, le rubis ont été prodigués à des insectes invisibles. Les uns marchent le front orné de panaches, sonnent la trompette et semblent armés pour la guerre ; d'autres portent des turbans enrichis de pierreries, leurs robes sont étincelantes d'azur et de pourpre. Ils ont de longues lunettes, comme pour découvrir leurs ennemis, et des boucliers pour s'en défendre. Il en est qui exhalent le parfum des fleurs, et sont créés pour le plaisir. On les voit avec des ailes de gaze, des casques d'argent, des épieux noirs comme le fer, effleurer les ondes, voltiger dans les prairies, s'élancer dans les airs. Ici on exerce tous les arts, toutes les industries; c'est un petit monde qui a ses tisserands, ses maçons, ses architectes. On y reconnaît les lois de l'équilibre et les formes savantes de la géométrie. Je vois parmi eux des voyageurs qui vont à la découverte, des pilotes qui, sans voile et sans boussole, voguent, sur une goutte d'eau, à la conquête d'un nouveau monde. Quel est le sage qui les éclaire, le savant qui les instruit, le héros qui les guide et les asservit? Quel est le Lycurgue qui a dicté des lois si parfaites? Quel est l'Orphée qui leur enseigne les règles de l'harmonie? Ont-ils des conquérants qui les égorgent et qu'ils couvrent de gloire? Se croient-ils les maîtres de l'univers parce qu'ils rampent sur sa surface? Contemplons ces petits ménages, ces royaumes, ces républiques, ces hordes semblables à celles des Arabes; une mite va occuper cette pensée qui calcule la grandeur des astres, émouvoir ce cœur que rien ne peut remplir, étonner cette admiration accoutumée aux prodiges. Voici un insecte impur qui s'enveloppe d'un tissu de soie et se repose sous une tente; celui-ci s'empare d'une bulle d'air, s'enfonce au fond des eaux, et se promène dans son palais aérien. Il en est un autre qui se forme, avec un coquillage, une grotte flottante, qu'il couronne d'une tige de verdure. Une araignée tend sous le feuillage des filets d'or, de pourpre et d'azur, dont les reflets sont semblables à ceux de l'arc-en-ciel. Mais quelle flamme brillante se répand tout-à-coup au milieu de cette multitude d'atomes animés ? Ces richesses sont effacées par de nouvelles richesses. Voici des insectes à qui l'aurore semble avoir prodigué ses rayons les plus doux. Ce sont des flambeaux vivants qu'elle répand dans les prairies ; voyez cette mouche qui luit d'une clarté semblable à celle de la lune, elle porte avec elle le phare qui doit la guider. Tandis qu'elle s'élance dans les airs, un ver rampe au-dessous d'elle ; vous croyez qui'l va disparaître dans l'ombre, tout-à-coup il se revêt de lumière comme un habitant du ciel ; il s'avance comme le fils des astres.

Aimé Martin.

Un jour d'été j'aperçus sur un fraisier qui était venu par hasard sur ma fenêtre, de petites mouches si jolies, que l'envie me prit de les décrire. Elles étaient toutes distinguées les unes des autres par leurs couleurs, leurs formes et leurs allures; il y en avait de dorées, d'argentées, de bronzées, de tigrées, de rayées, de bleues, de vertes, de rembrunies, de chatoyantes. Les unes avaient la tête arrondie comme un point de velours noir; elle étincelait à d'autres comme un rubis. Il n'y avait pas moins de variétés dans leurs ailes: quelques-unes en avaient de longues et de brillantes, comme des lames de nacre; d'autres, de courtes et de larges, qui ressemblaient à des réseaux de la plus fine gaze. Chacune avait sa manière de les porter et de s'en servir: les unes les portaient perpendiculairement, les autres horizontalement et semblaient prendre plaisir à les étendre. Celles-ci volaient en tourbillonnant à la manière des papillons, celles-là s'élevaient en l'air en se dirigeant contre le vent, par un mécanisme à peu près semblable à celui des cerfs-volants de papier qui s'élèvent en formant avec l'axe du vent un angle, je crois, de vingt-deux degrés et demi. Les unes abordaient sur cette plante pour y déposer leurs œufs, d'autres simplement pour s'y mettre à l'abri du soleil; mais la plupart y venaient pour des raisons qui m'étaient tout-à-fait inconnues, car les unes allaient et venaient dans un mouvement perpétuel, tandis que d'autres ne remuaient que la partie postérieure de leur corps. Il y en avait beaucoup qui étaient immobiles, et qui étaient peut-être occupées, comme moi, à observer. Je dédaignai, comme suffisamment connues, toutes les tribus des autres insectes qui étaient attirées sur mon fraisier, telles que les limaçons qui se nichaient sous ses feuilles, les papillons qui voltigeaient autour, les scarabées qui en labouraient les racines, les petits vers qui trouvaient le moyen de vivre dans le paren-chyme, c'est-à-dire dans la seule épaisseur d'une feuille, les guêpes et les mouches à miel qui bourdonnaient autour de ces fleurs, les puce-rons qui en suçaient les tiges, les fourmis qui léchaient les pucerons, enfin les araignées qui, pour attraper ces différentes proies, tendaient leurs filets dans le voisinage.

Bernardin de Saint-Pierre.

Contemplez d'un regard cette multitude d'animaux qui vous environnent. Dignes objets de vos études, les plus petits d'entre eux vous offrent des merveilles sans nombre. L'œuf de

ce ver à soie qui doit changer de forme trois
fois en un an , renferme plus d'art et de travail
que les jardins de Babylone , que le temple
d'Ephèse et le tombeau de Mausole , que les
monstrueuses pyramides. Quelle que fût la
difficulté de ces ouvrages , les hommes , par
d'opiniâtres efforts , par des soins assidus , par
d'énormes dépenses , ont pu parvenir à la
vaincre. Mais toute la science du Lycée , toute
la force du plus puissant des peuples , tout le
pouvoir du plus absolu des rois , échouerait
dans la formation de cet œuf en apparence si
méprisable Il faut que cet œuf ait renfermé
dans l'origine , non-seulement le vermisseau
qui en doit sortir , mais le germe distinct des
trois formes différentes dont il se revêtira dans
des temps marqués par une loi immuable.
D'abord reptile , puis chrysalide , il doit devenir
enfin papillon , et mourir en laissant une
nombreuse postérité , sujette aux mêmes métamorphoses. C'est de cette manière en effet
que l'espèce des vers à soie , détruite avant
le mois de novembre , renaît avec le printemps;
tel est l'ordre dans lequel se reproduit , telles
sont les révolutions qu'éprouve cette nouvelle
génération. A peine le vermisseau a-t-il passé
deux mois , qu'il commence à s'ennuyer de son

état ; ces feuilles tendres , dont il se nourris-
sait , le dégoûtent ; on le voit tirer de son
estomac une liqueur qui se sèche à mesure
qu'elle s'étend, la filer , l'attacher à une branche, et s'en faire un tombeau. Dans le milieu ,
il construit une cellule ovale , dont le tissu ,
malgré sa délicatesse, a beaucoup de force , et
qu'enveloppent différentes couches de duvet.
Immobile au centre de cette solitude , il s'y
plonge dans un engourdissement léthargique ;
on ne sait si le repos dont il paraît jouir est un
sommeil ou la mort. Alors il se défait de sa
peau blanchâtre , pour en prendre une qui
tire sur le noir. On n'aperçoit plus ni sa tête ,
ni ses pattes , ni le moindre trait qui rappelle
sa première figure. Tous ses membres repliés
à la fois rentrent dans son corps, qui prend la
forme d'une olive; il devient un nouvel être.
Enfin , lorsque les feux de la canicule ont fait
place à la douce chaleur de l'automne , il se
ranime ; sa peau se colore et rassemble les
nuances des plus belles fleurs; de petites cornes
arment son front ; des ailes se déploient sur
ses côtés ; le bas de son corps s'étend et
s'allonge. Il perce sa coque , y laisse les débris
de son ancienne forme , et détruisant cette
cellule qu'il s'était construite avec tant d'art ,

il prend l'essor et voltige dans les airs. Mais
bientôt sous cette forme nouvelle, il ressent un
nouveau besoin; prêt à finir ses jours, il songe
à perpétuer son espèce, et devenu la tige d'une
postérité nombreuse, il laisse ses œufs attachés sur des mûriers. Ayant alors rempli sa
destinée, las de tant de vicissitudes, et désor-
mais inutile à l'univers, il expire enfin pour ne
plus revivre, et paie à la mort son dernier tribut.

La vie d'une mouche, ordinairement plus
longue, est sujette à de semblables métamorphoses. Sous des formes différentes, elle voit
deux fois le jour. Ainsi change d'état ce volage
insecte, dont le corps brillant des plus vives
couleurs est, pour ainsi dire, une fleur ailée.
Ainsi se transforme cet autre papillon qui,
crédule amant de la lumière, cherche la mort
au sein d'une flamme dont l'éclat a pour lui
des attraits. Avant que de présenter aux zéphirs
des ailes légères, ces insectes ont tous été ver-
misseaux, et chacun d'eux, dans le passage
d'un état à l'autre, offre à des yeux attentifs un
spectacle digne d'admiration. Enseveli dans une
retraite inaccessible au jour, il n'est plus ver,
et n'est pas encore volatile; il est mort sans
cesser de vivre.

DE POLIGNAC.

NIDS DES OISEAUX.

Les soins que les oiseaux se donnent pour leurs petits, pourraient-ils laisser froid et insensible l'homme qui les contemple dans cette douce occupation? Chez la plupart de ces aimables créatures, l'union du mâle et de la femelle semble être une sorte d'alliance contractée pour la procréation et l'éducation des petits.

Non-seulement le mâle aide la femelle à construire le nid; assez souvent encore il partage avec elle les soins de l'incubation. C'est ici qu'on ne peut s'empêcher d'admirer l'impression puissante d'une raison supérieure sur ces innocentes créatures. Un animal si agile, si inquiet, si volage, oublie en ce moment son naturel, pour se fixer sur ses œufs pendant un temps assez long. La mère se gêne, renonce à tout plaisir, et demeure presque vingt jours de suite collée sur sa couvée, avec une affection si grande qu'elle en oublie le manger. Le père, de son côté, partage et adoucit le travail : il apporte de la nourriture à sa fidèle compagne; il réitère ses voyages sans se rebuter; il lui met dans le bec l'aliment tout préparé, il accompagne ses services des manières les plus polies. S'il interrompt ses soins auprès d'elle, c'est pour la réjouir par son chant; et il met tant de feu, tant d'enjouement et tant de grâce dans les allées et les venues qu'il fait pour son service, que l'on ne sait ce qu'on doit admirer le plus, ou de l'assiduité pénible de la petite mère, ou de l'inquiétude officieuse du mari.

Pluche.

Un tendre attachement entretient leur union; et, dans cet heureux couple, la naissance des petits en resserre de plus en plus les liens. De nouveaux soins appellent alors le père et la mère, qui, toujours fidèles à la voix de la nature, s'y livrent tous les deux avec un égal empressement. Ce même concert que nous admirons dans la construction du

nid, nous le retrouvons dans l'éducation de
la famille. Occupés sans relache à cet impor-
tant ouvrage, ils ne cessent de se prêter des
secours mutuels. Leurs peines, leurs solli-
citudes, leur vigilance redoublent avec leurs
plaisirs, et l'on croit voir dans leur aimable
société, la peinture exacte du ménage le plus
honnête et le mieux réglé.

Tous les oiseaux ne naissent pas architectes;
tous ne s'entendent pas à construire des nids.
Les uns, tels que le hibou et la chouette
noire, suppléent à leur ignorance en profitant
de ceux qui ont été construits par d'autres
oiseaux. Le coucou fait plus; non-seulement
il va pondre son œuf dans un nid qu'il n'a pas
fait, il abandonne le soin de sa progéniture
à des nourrices étrangères qui en ont autant
de soin que de leurs propres nourrissons. Les
oiseaux de basse-cour sont aussi au nombre
des oiseaux qui, a proprement parler, ne
construisent pas de nid. Depuis que de l'état
d'indépendance ils ont passé, pour ainsi-dire,
dans l'état civil, pour lequel d'ailleurs ils
étaient faits, ils ont perdu de leurs facultés
primitives ce qui semble n'être plus nécessaire à leurs besoins : mais ce changement
d'état ne leur a rien ôté de leur affection pour

leurs petits, qu'ils font éclore dans les nids que leur a préparés la main de l'homme.

Que de soins ne prennent pas les pères et les mères, chez les oiseaux, pour pourvoir leurs tendres enfants des nourritures qui leur conviennent ! Les pigeons ramollissent le grain dans leur gosier, avant de le dégorger dans le bec de leurs petits. Une multitude d'oiseaux vont à la chasse des vers et des mouches : ils en remplissent leur bec, et reviennent distribuer cette manne à leurs nourrissons. Quelle vigilance sur tout ce qui pourrait leur nuire ! Quel courage à les défendre ! aussi a-t-on dit agréablement, qu'une poule, à la tête de ses poussins, est une espèce d'héroïne qui affronte les plus grands dangers. Le loriot défend ses petits contre l'homme même, avec une intrépidité qu'on ne supposerait pas dans un si faible oiseau ; plus d'une fois on a vu le père et la mère s'élancer sur ceux qui voulaient enlever leurs petits : on a vu la mère, enlevée avec le nid, continuer, dans la captivité, à échauffer ses œufs, et mourir sur la couvée. Avec quelle activité les cigognes ne vont-elles pas chercher la pâture assignée à leurs chers nourrissons ! jamais les deux époux ne s'éloignent ensemble de l'habitation de leur famille, et tandis que l'un est à la quête, l'autre se tient aux environs du nid et ne le perd pas de vue. Quand les petits commencent à s'essayer dans les airs, ces tendres parents les portent sur leurs ailes : ils les exercent peu à peu et par degrés à voler; ils les défendent contre leurs ennemis; et s'ils ne peuvent les sauver, ils ne refusent pas de périr avec eux, plutôt que de les abandonner. Ils leur continuent long-temps les soins de la paternité, et ne les laissent à eux-mêmes que quand leur éducation est entièrement achevée. L'aigle, au contraire, n'attend pas ce moment pour chasser les siens : tous les tyrans de l'air en usent ainsi; et ce procédé, qui semble opposé aux vœux de la nature, cesse de le paraître dès qu'on réfléchit sur le genre de vie des oiseaux voraces. Appelés à vivre de rapine et de carnage, ils s'affameraient mutuellement si plusieurs demeuraient rassemblés dans la même enceinte.

Sturm.

En lisant la description des nids, nous reconnaissons des oiseaux mineurs, maçons, charpentiers, tisserands et tailleurs. Les uns cherchent dans le sein de la terre une température plus égale et plus chaude pour leurs tendres œufs; les autres leur maçonnent une chaumière : attendant avec patience que les petits fondements de boue mêlée de paille soient bien secs, ils les resserrent, en y collant leur queue, et en les pressant de tout le poid de leur petit corps, jusqu'à ce que la première couche de maçonnerie puisse, sans crouler, en supporter une seconde.

Le pic des bois, à bec d'ivoire, est le roi des oiseaux charpentiers; l'écorce des bois les plus durs s'ouvrent pour lui fournir sa nourriture, et dans l'aubier s'arrondit son nid. Dans les bas pays de la Caroline, cet oiseau, pour y établir sa demeure, choisit le puissant cyprès des marais. Mâle et femelle, travaillant ensemble alternativement, s'y creusent une large cavité de deux à cinq pieds de profondeur et faite en tournant de telle sorte que le vent n'y puisse pénétrer.

Parmi les oiseaux fabricants de paniers, il faut distinguer le *baya*, espèce de moineau que l'on trouve dans l'Indoustan, et qui se distingue par la beauté de son plumage et sa sagacité à faire son nid; il le tresse fort habi-

lement avec de longs brins d'herbe, dans la
forme des bouteilles à large ventre et à col
étroit dont se servent les chimistes, et il le
suspend, par le bout le plus mince, à l'extrémité d'une branche assez forte seulement pour
soutenir le poid de la petite habitation et de
ses hôtes, garantis ainsi des attaques des ser-
pens, des écureuils et des oiseaux de proie.
Ces nids ont plusieurs divisions : ce sont des
appartements complets. Dans l'un la femelle
couve; l'autre, consistant en un petit toit de
chaume, abrite une courte perche horizontale,
sur laquelle le mâle se perche à l'abri de la
pluie, gardant son nid, balancé par le vent
au bout d'un fil léger, et amusant sa famille
par ses joyeux gazouillements. On voit des
centaines de ces petits paniers suspendus au
même arbre.

Les moineaux des haies, la bergeronnette,
le rouge-gorge, la linotte, sont tisserands et
bordent leurs nids d'une trame ouvrée en
cheveux, et d'une grande épaisseur; mais l'é-
tourneau de Baltimore est plus habile ouvrier : il fabrique une espèce de feutre, dont
il forme une poche de six à sept pieds de
longueur qu'il fourre de ce qu'il peut trouver
de plus doux, et termine avec une couche

de crin. Le lit douillet est abrité par un dais naturel ou parasol de feuilles ; car, comme la demeure du baya, il est attaché à l'extrémité d'un léger rameau. Dans la saison ou le baltimore fait son nid, les femmes sont obligées de veiller sur le fil ou le coton qu'elles mettent blanchir dehors, car l'oiseau en dérobe souvent une grande quantité.

Le loxia du Bengale, très commun dans l'Inde, tisse avec des brins de gazon un nid semblable au drap, en forme de bouteille, l'attache fortement aux branches élevées du haut figuier des Indes ou du palmier, au-dessus des fraîches émanations d'un puits ou d'un ruisseau murmurant, exposé de façon à ce que les vents le balancent, et il place l'entrée au-dessous pour mettre la couvée à l'abri des oiseaux de proie. Ce nid, qui renferme deux ou trois pièces séparées, il l'éclaire la nuit avec un ver luisant ; il attrape l'insecte vivant et le colle, le fixe aux parois de son petit palais avec un peu de terre humide et grasse.

L'oiseau tailleur, plus petit que notre roitelet et vivant dans l'Inde, coud en se servant de son bec comme d'une aiguille, une feuille morte et une vivace, et y attache son léger nid de duvet. D'autres oiseaux foulent le feutre de leurs nids; d'autres encore les fabriquent en pâtes succulentes, délices de la Chine, et l'un des revenus les plus considérables de l'île de Java.

traduit de l'anglais de RENNIE.

Une admirable providence se fait remarquer dans les nids des oiseaux. On ne peut contempler, sans être attendri, cette bonté divine qui donne l'industrie aux faibles, et la prévoyance à l'insouciant.

Aussitôt que les arbres ont développé leurs fleurs, mille ouvriers commencent leurs travaux. Ceux-ci portent de longues pailles dans le trou d'un vieux mur; ceux-là maçonnent des bâtiments aux fenêtres d'une église, d'autres dérobent un crin à une cavale, ou le brin de laine que la brebis a laissé suspendu à la ronce. Il y a des bûcherons qui croisent des branches dans la cime d'un arbre; il y a des filandières qui recueillent la soie sur un chardon. Mille palais s'élèvent, et chaque palais est un nid; chaque nid voit des métamorphoses charmantes; un œuf brillant, ensuite un petit couvert de duvet. Ce nourrisson prend des plumes ; sa mère lui apprend à se soulever sur sa couche. Bientôt il va jusqu'à se percher sur le bord de son berceau, d'où il jette un premier coup d'œil sur la nature. Effrayé et ravi, il se précipite parmi ses frères, qui n'ont point encore vu ce spectacle ; mais rappelé par la voix de ses parents, il sort une seconde fois de sa couche, et ce jeune roi des airs, qui porte encore la couronne de l'enfance autour de sa tête, ose déjà contempler le vaste ciel, la cime ondoyante des pins, et les abîmes de verdure au-dessous du chêne paternel. Et pourtant, tandis que les forêts se réjouissent en recevant leur nouvel hôte, un vieil oiseau, qui se sent abandonné des ailes, viens s'abattre auprès d'un courant d'eau : là, résigné et solitaire, il attend tranquillement la mort au bord du même fleuve où il chanta ses amours, et dont les arbres portent encore son nid et sa postérité harmonieuse.

C'est ici le lieu de remarquer une autre loi de la nature. Dans la classe des petits oiseaux, les œufs sont ordinairement peints d'une des couleurs dominantes du mâle. Le bouvreuil niche dans les aubépines, dans les

groseillers et dans les buissons de nos jardins ;
ses œufs sont ardoisés comme la chape de
son dos. Nous nous rappelons avoir trouvé
une fois un de ces nids dans un rosier ; il
ressemblait à une conque de nacre, contenant
quatre perles bleues : une rose pendait au-
dessus, toute humide : le bouvreuil mâle se
tenait immobile sur un arbuste voisin, comme
une fleur de pourpre et d'azur. Ces objets
étaient répétés dans l'eau d'un étang avec
l'ombrage d'un noyer, qui servait de fond à
la scène, et derrière lequel on voyait se lever
l'aurore : Dieu nous donna, dans ce petit
tableau, une idée des grâces dont il a paré
la nature.

Parmi les grands volatiles, la loi de la
couleur des œufs varie. Dans les classes aquatiques et forestières, qui font leurs nids les
unes sur les mers, les autres dans la cime des
arbres, l'œuf est communément d'un verd
bleuâtre, et pour ainsi dire teint des éléments
dont il est environné. Certains oiseaux qui
se cantonnent au haut des tours et dans les clo-
chers ont des œufs verts comme les lierres (1),
ou rougeâtres comme les maçonneries qu'ils

(1) Le choucas, etc.

habitent (1). C'est donc une loi qui peut passer pour constante, que l'oiseau étale sur son œuf le symbole de ses mœurs et de ses destinées. On peut, au seul aspect de ce monument fragile, dire à peu près quel était le peuple auquel il a appartenu, quels étaient son costume, ses habitudes, ses goûts; s'il passait des jours de danger sur les mers, ou si, plus heureux, il menait une vie pastorale; s'il était civilisé ou sauvage, habitant de la montagne ou de la vallée.

CHATEAUBRIAND.

(1) La grande chevêche, etc.

ORGANISATION DES OISEAUX.

Les oiseaux présentent un sujet d'observation intarissable. Leurs ailes convexes en dessus et creusées en dessous sont des rames parfaitement taillées pour l'élément qu'elles doivent fendre. Le roitelet, qui se plaît dans ces haies de ronces et d'arbousiers qui sont pour lui de grandes solitudes, est pourvu d'une double paupière, afin de préserver ses yeux de tout accident. Mais, admirables fins de la nature ! cette paupière est transparente, et le chantre des chaumières peut abaisser ce voile diaphane sans être privé de la vue. La Providence n'a pas voulu qu'il s'égarât en portant la goutte d'eau ou le grain de mil à son nid, et qu'il y eût sous le buisson une petite famille qui se plaignît d'elle.

Et quels ingénieux ressorts font mouvoir les pieds de l'oiseau ? ce n'est point par un jeu de muscles que détermine sa volonté qu'il se tient ferme sur la branche; son pied est construit de sorte que, lorsqu'il vient à être pressé dans le centre ou le talon, les doigts se renferment naturellement sur le corps qui les presse. Il résulte de ce mécanisme que les serres de l'oiseau se collent plus ou moins à l'objet sur lequel il repose, en raison des mouvements plus ou moins rapides de cet objet. Car, dans le balancement du rameau, ou c'est le rameau qui repousse le pied, ou c'est le pied qui repousse le rameau ; ce qui, dans les deux cas, oblige les doigts du volatile à se contracter plus fortement. Ainsi, quand nous voyons à l'entrée de la nuit, pendant l'hiver, des corbeaux perchés sur la cime dépouillée de quelque chêne, nous supposons que toujours veillants, toujours attentifs, ils ne se maintiennent qu'avec des fatigues inouïes, au milieu des tourbillons et des nuages : et cependant insouciants du péril, et appelant la tempête, tous les vents leur apportent le sommeil, l'aquilon les attache lui-même à la branche d'où nous croyons qu'il va les précipiter ; et comme de vieux nochers, de qui la couche mobile est suspendue aux mâts agités d'un vaisseau, plus il sont bercés par les orages, plus ils dorment profondément.

Chateaubriand.

DES OISEAUX DE NUIT.

Les oiseaux de nuit ont une haine déclarée pour la lumière, ils l'évitent comme leur ennemie, et se cachent dans les antres les plus obscurs pendant qu'elle éclaire l'univers. Ils attendent avec impatience le retour des ténèbres pour sortir des prisons où le jour les tenait renfermés ; et ils témoignent alors leur joie par des cris qui ne sont capables que de porter la consternation et l'effroi dans l'esprit de ceux qui les entendent : car ces oiseaux ont chacun leur cri particulier selon leur espèce différente ; mais il n'y en a aucun qui ne soit lugubre, funeste, alarmant

Leur figure a non-seulement quelque chose de sauvage et de hideux, mais aussi de taciturne et de sombre ; et l'on croit voir dans leur physionomie la haine peinte contre l'homme et contre tous les animaux.

Ils ont presque tous un bec crochu et des serres tranchantes, dont la proie une fois saisie ne peut échapper ; et ils se servent des ténèbres et du temps du sommeil pour surprendre les autres oiseaux endormis, dont les plus forts ont peine à leur échapper, et dont les petits sont sûrement leurs victimes.

Ils joignent ainsi la surprise à la cruauté, et l'artifice à la fureur. Et après n'avoir veillé que pour le malheur public, ils se retirent, avant le lever du soleil, dans leurs cavernes inaccessibles à sa lumière ; et ils préfèrent ordinairement les anciens bâtiments tombés en ruines à toutes les autres retraites, comme si la désolation et les ruines, qui marquent ou la négligence des maîtres ou la décadence de leurs familles, étaient capables d'inspirer quelque sentiment de joie à ces funestes oiseaux.

L'abbé Duguet.

DU CHANT DES OISEAUX.

De tous les oiseaux, il n'en est point qui tiennent meilleure compagnie à l'homme que ceux qui ont reçu le don du chant et de la parole. L'Auteur de la nature a jugé la mélodie si nécessaire à l'habitant privilégié de la terre, qu'il n'est point de site qui n'ait son oiseau chanteur. Le chardonneret se plaît dans les dunes sablonneuses; l'alouette dans les champs; le rossignol dans les bocages, le long des ruisseaux; le bouvreuil, dont le chant est si doux, dans l'épine blanche : la grive, la fauvette, le verdier, tous les oiseaux qui chantent, ont leur poste favori; et il est très remarquable, que partout ils ont l'instinct de se rapprocher de l'habitation de l'homme. S'il y a une cabane dans une forêt, tous les oiseaux chantants du voisinage viennent s'établir aux environs : on n'en trouve même qu'auprès des

lieux habités. La nature n'a donné aucun
chant agréable aux oiseaux de mer et de
rivière, parce qu'il eût été étouffé par le
bruit des eaux, et que l'oreille humaine n'eût
pu en jouir, à la distance où ils vivent de la
terre. Les oiseaux aquatiques ont des cris
perçants, qui sont propres à se faire entendre
dans les régions des vents et des tempêtes
qu'ils habitent, et qui ont des convenances
parfaites avec leurs demeures bruyantes et
leurs solitudes mélancoliques. Les mélodies
des oiseaux de chant ont de pareilles relations
avec les sites qu'ils occupent, et même avec
les distances où ils vivent de nos habitations.
L'alouette, qui fait son nid dans nos blés, et
qui aime à s'élever à perte de vue, se fait
entendre en l'air, lors même qu'on ne l'ap-
perçoit plus : l'hirondelle, qui frise en volant
les parois de nos maisons, et qui se repose
sur nos cheminées, a un petit gazouillement
doux, qui n'est point étourdissant, comme
serait celui des oiseaux de bocage. Mais le
rossignol solitaire se fait entendre à une très
grande distance : il se méfie du voisinage de
l'homme ; et cependant il se place toujours
à la vue de son habitation, et veut être en-
tendu. Il choisit pour cet effet les lieux les

plus retentissants, afin que leurs échos donnent plus d'action à sa voix. Après que les habitants de l'air ont flatté nos oreilles pendant le jour, en célébrant de concert ou tour-à-tour, l'Auteur de leur existence, et en publiant les bienfaits de celui qui les nourrit, c'est une agréable nouveauté, sur le soir, d'entendre la voix du rossignol animer les bocages, et continuer ainsi bien avant dans la nuit. Rien ne l'excite tant que le silence de la nature. Prêtez l'oreille à ses longues inflexions cadencées : quelle richesse, quelle variété, quelle douceur, quel éclat ! D'abord, il semble étudier et composer ses mélodieux accents : il prélude doucement ; puis les sons se pressent et se succèdent avec la rapidité d'un torrent. Il va du sérieux au badin ; d'un chant simple au gazouillement le plus bizarre ; des tremblements et des roulements les plus légers, à des soupirs languissants, qu'il abandonne ensuite pour revenir à sa gaîté naturelle.

Sturm.

La nature a ses temps de solennité, pour lesquels elle convoque des musiciens des différentes régions du globe. On voit accourir de savants artistes avec des sonates merveilleuses, de vagabonds troubadours qui ne savent chanter que des balades à refrain, des pélerins qui répètent mille fois les couplets de leurs longs cantiques. Le loriot siffle, l'hirondelle gazouille, le ramier gémit; le premier, perché sur la plus haute branche d'un ormeau, défie notre merle, qui ne le cède en rien à cet étranger; la seconde, sous un toit hospitalier, fait entendre son ramage confus ainsi qu'au temps d'Evandre; le troisième, caché dans le feuillage d'un chêne, prolonge ses doux roucoulements semblables aux sons onduleux d'un corps dans les bois; enfin le rouge-gorge répète sa petite chanson sur la porte de la grange où il a placé son gros nid de mousse: mais le rossignol dédaigne de perdre sa voix au milieu de cette symphonie; il attend l'heure du recueillement et du repos, et se charge de cette partie de la fête qui se doit célébrer dans les ombres.

Lorsque les premiers silences de la nuit et les derniers murmures du jour luttent sur les coteaux, au bords des fleuves, dans les bois et dans les vallées; que les forêts se taisent par degrés, que pas une feuille, pas une mousse ne soupire, que la lune est dans le ciel, que l'oreille de l'homme est attentive, le premier chantre de la création entonne ses hymnes à l'Eternel. D'abord il frappe l'écho des brillants éclats du plaisir : le désordre est dans ses chants; il saute du grave à l'aigu, du doux aux fort; il fait des pauses, il est lent, il est vif; c'est un cœur que la joie enivre, un cœur qui palpite sous le poids de l'amour. Mais tout-à-coup la voix tombe, l'oiseau se tait. Il recommence ... Que ses accents sont changés ! quelle tendre mélodie ! Tantôt ce sont des modulations languissantes, quoique variées; tantôt c'est un air un peu monotone, comme celui de ces vieilles romances françaises, chefs-d'œuvre de simplicité et de mélancolie. Le chant est aussi souvent la marque de la tristesse que de la joie : l'oiseau qui a perdu ses petits chante encore; c'est encore l'air du temps du bonheur qu'il redit, car il n'en sait qu'un; mais, par un coup de son art, le musicien n'a fait que changer la clef, et la cantate du plaisir est devenue la complainte de la douleur.

Ceux qui cherchent à déshériter l'homme, à lui arracher l'empire de la nature, voudraient bien prouver que rien n'est fait pour nous. Or, le chant des oiseaux, par exemple, est tellement commandé pour notre oreille, qu'on a beau persécuter les hôtes des bois, ravir leurs nids, les poursuivre, les blesser avec des armes ou dans des piéges, on les peut remplir de douleur, mais on ne les peut forcer au silence. En dépit de nous, il faut qu'ils nous charment, il faut qu'ils accomplissent l'ordre de la Providence. Esclaves dans nos maisons, ils multiplient leurs accords : il y a sans doute quelque harmonie cachée dans le malheur, car tous les infortunés sont enclins au chant. Enfin, que des oiseleurs, par un raffinement barbare, crèvent les yeux à un rossignol, sa voix n'en devient que plus mélodieuse. Cet Homère des oiseaux gagne sa vie à chanter, et compose ses plus beaux airs après avoir perdu la vue.

CHATEAUBRIAND.

MIGRATION DES OISEAUX.

Tandis qu'une partie de la création publie chaque jour aux mêmes lieux les louanges du Créateur, une autre partie voyage pour raconter ses merveilles. Des courriers traversent les airs, se glissent dans les eaux, franchissent les monts et les vallées. Ceux-ci arrivent sur les ailes du printemps, et, bientôt disparaissant avec les zéphirs, suivent de climat en climat leur mobile patrie ; ceux-là s'arrêtent à l'habitation de l'homme ; voyageurs lointains, ils réclament l'antique hospitalité. Chacun suit son inclination dans le choix d'un hôte : le rouge-gorge s'adresse aux cabanes ; l'hirondelle frappe aux palais : cette fille de roi semble encore aimer les grandeurs, mais les grandeurs tristes, comme sa destinée ; elle passe l'été aux ruines de Versailles et l'hiver à celles de Thèbes.

A peine a-t-elle disparu qu'on voit s'avancer
sur les vents du nord une colonie qui vient
remplacer les voyageurs du midi, afin qu'il ne
reste aucun vide dans nos campagnes. Par un
temps grisâtre d'automne, lorsque la bise
souffle sur les champs, que les bois perdent
leurs dernières feuilles, une troupe de canards
sauvages, tous rangés à la file, traverse en
silence un ciel mélancolique. S'ils aperçoivent
du haut des airs quelque manoir gothique
environné d'étangs et de forêts, c'est là qu'ils
se préparent à descendre; ils attendent la
nuit, et font des évolutions au-dessus des bois.
Aussitôt que la vapeur du soir enveloppe la
vallée, le cou tendu et l'aile sifflante, ils
s'abattent tout-à-coup sur les eaux qui reten-
tissent. Un cri général, suivi d'un profond
silence, s'élève dans les marais.

Ce n'est pas toujours en troupe que ces
oiseaux visitent nos demeures. Quelquefois
deux beaux étrangers, aussi blancs que la
neige, arrivent avec les frimats; ils descendent,
au milieu des bruyères, dans un lieu découvert
et dont on ne peut approcher sans être aperçu;
après quelques heures de repos, ils remontent
sur les nuages. Vous courez à l'endroit d'où
ils sont partis, et vous n'y trouvez que quelques

plumes, seules marques de leur passage que le vent a déjà dispersées.

Des convenances pour les scènes de la nature, ou des rapports d'utilité pour l'homme déterminent les différentes migrations des animaux. Les oiseaux qui paraissent dans les mois des tempêtes ont des voix tristes et des mœurs sauvages, comme la saison qui les amène; ils ne viennent point pour se faire entendre, mais pour écouter; il y a dans le sourd mugissement des bois quelque chose qui charme leurs oreilles. Les arbres, qui balancent tristement leurs cimes dépouillées, ne portent que de noires légions, qui se sont associées pour passer l'hiver, elles sont leurs sentinelles et leurs gardes avancées. Souvent une corneille centenaire, antique sybille du désert, se tient seule perchée sur un chêne avec lequel elle a vieilli; là, tandis que ses sœurs font silence, immobile, elle abandonne aux vents des monosyllabes prophétiques.

Il est remarquable que les sarcelles, les canards, les oies, les bécasses, les pluviers, les vanneaux, qui servent à notre nourriture, arrivent quand la terre est dépouillée, tandis que les oiseaux étrangers qui nous viennent dans la saison des fruits n'ont avec nous que

des relations de plaisir. Ce sont des musiciens
envoyés pour charmer nos banquets ; il en faut
excepter quelques uns, tels que la caille
et le ramier, dont toutefois la chasse n'a lieu
qu'après la récolte, et qui s'engraissent dans
nos blés pour servir à notre table. Ainsi, les
oiseaux du nord sont la manne des aquilons,
comme les rossignols sont les dons des zéphirs :
de quelque point de l'horizon que le vent
souffle, il nous apporte un présent de la Providence.

Les oies, les sarcelles, les canards, étant
de race domestique, habitent partout où il
peut y avoir des hommes. Les navigateurs ont
trouvé des bataillons innombrables de ces
oiseaux jusque sous le pôle antarctique et sur
les côtes de la Nouvelle-Zélande. Nous en
avons rencontré nous-mêmes des milliers depuis
le golfe Saint-Laurent jusqu'à la pointe de
l'isthme de la Floride. Les uns se placent à
quarante et cinquante lieues d'une terre
inconnue, et deviennent un indice certain pour
le pilote qui les découvre, flottant sur l'onde
comme les bouées d'une ancre ; d'autres se
cantonnent sur un récif, et, sentinelles vigi-
lantes, élèvent pendant la nuit une voix
lugubre pour écarter les navigateurs ; d'autres

encore, par la blancheur de leur plumage. Ils
sont de véritables phares sur la noirceur des
rochers. Nous présumons que c'est pour la
même raison que la bonté de Dieu a rendu
l'écume des flots phosphorique, et toujours
plus éclatante parmi les brisants, en raison de
la violence de la tempête. Beaucoup de vaisseaux périraient dans les ténèbres sans ces
fanaux miraculeux allumés par la Providence
sur les écueils.

Tous les accidents des mers, le flux et le
reflux, le calme et l'orage, sont prédits par
les oiseaux. La mauve descend sur une grève,
retire son cou dans sa plume, cache une patte
dans son duvet, et, se tenant immobile sur
l'autre, avertit le pêcheur de l'instant où les
vagues se lèvent ; l'alouette marine qui court
le long du flot en poussant un cri doux et
triste, annonce au contraire le moment du
reflux ; enfin, les procellarias s'établissent au
milieu de l'océan. Compagnes des mariniers,
elles suivent la course des navires, et prophé-
tisent la tempête. Le matelot leur attribue
quelque chose de sacré, et leur donne religieu-
sement l'hospitalité quand le vent les jette à
bord ; c'est de même que le laboureur respecte
le rouge-gorge, qui lui prédit les beaux jours,

et c'est ainsi qu'il le reçoit sous son toit de
chaume pendant les rigueurs de l'hiver.

CHATEAUBRIAND.

La plus grande partie des oiseaux qui pendant
l'été trouvaient leurs demeures et leur nourriture dans nos campagnes, nos jardins et nos
forêts, quittent en automne des climats qui
ne fournissent plus à leurs besoins, et passent
dans d'autres pays. Il n'en est qu'un petit
nombre, tels que le loriot, le grimpereau, la
corneille, le corbeau, le moineau, la perdrix
et la grive, qui nous restent dans la saison
rigoureuse ; les autres s'absentent pour la
plupart ou nous abandonnent entièrement.

Quelques espèces, sans prendre leur essor
fort haut, et sans partir de compagnie, tirent
peu à peu vers le sud, pour aller chercher des
grains et des fruits qu'elles aiment de préfé-
rence, mais elles reviennent bientôt. D'autres,
et ce sont les vrais oiseaux de passage, se
rassemblent en certaines saisons, partent par
troupes, et se rendent dans de nouveaux
climats. Quelques uns se contentent de passer
d'un pays dans un autre, où l'air et la nourri-

ture les attirent ; il en est qui traversent les mers , et entreprennent des voyages d'une longueur surprenante.

Les oiseaux de passage les plus connus sont les cailles , les canards sauvages , les pluviers , les bécasses , les hirondelles et les grues , avec quelques autres oiseaux qui se nourrissent de vers. Les cailles , au printemps , passent d'Afrique en Europe , et dressant en l'air une de leurs ailes comme une voile , battant de l'autre comme d'une rame , elles rasent les flots de la méditerranée , et vont chercher dans l'Egypte et dans la Barbarie une température douce et semblable à celle des climats qu'elles abandonnent. Elles se réunissent par troupes , quelquefois comme des nuées , et assez souvent elles tombent de lassitude sur les vaisseaux où on les prend sans peine.

C'est vers la fin de septembre ou au commencement d'octobre , suivant la température de la saison , que les hirondelles quittent nos contrées , pour passer dans les pays chauds. Elles se rassemblent alors en grandes troupes , sur les cordons et les faîtes des édifices , et font entendre sans cesse un cri de ralliement. Toutes les familles de la même espèce se réunissent , pour se préparer au départ ; la cara-

vanc s'accroît encore par la jonction d'hirondelles d'espèces différentes , qu'un même
instinct porte à se joindre aux autres pour
voyager de conserve. On a vu nos hirondelles
d'Europe arriver au Sénégal dans la seconde
semaine d'octobre ; on les rencontre même en
mer. Mais elles ne nichent pas dans cette contrée
brûlante; elles en repartent sur la fin de mars,
et reviennent habiter les lieux qu'elles avaient
quittés l'automne précédent. Un naturaliste
s'en est assuré par une expérience fort simple :
ayant attaché aux pieds de quelques hirondelles un fil teint en détrempe, il revit, l'année
suivante , ces mêmes oiseaux avec le même fil
qui n'était point décoloré , ce qui prouve en
même temps qu'elles ne vont point se plonger
dans les marais , comme on l'a prétendu
absurdement. Mais les hirondelles domestiques
ne viennent pas pondre dans le nid de l'année
précédente; elles en construisent un nouveau
au-dessus de l'ancien , si le lieu le permet. On
a vu jusqu'à quatre de ces nids , construits
d'année en année, les uns au-dessus des autres,
dans le même canal de cheminée.

Les grives , les étourneaux , les cailles , les
pinsons , les fauvettes , etc., partent en automne ; et c'est alors que les bécasses et les

bécassines arrivent dans nos contrées. L'étour-
neau cependant n'est proprement oiseau de
passage, que dans les pays froids, tels que la
Suède. Dès que les étourneaux ne nichent
plus, ils se rassemblent en grandes troupes.
Leur manière de voler est singulière et ne se
retrouve dans aucune autre espèce : on la
dirait soumise à une sorte de tactique. Ils
tourbillonnent sans cesse en l'air, et, tandis
que leur instinct les entraîne vers le centre du
tourbillon, la rapidité de leur vol les emporte
continuellement au-delà. Ils circulent ainsi,
et se croisent en tous sens, et la sphère entière
paraît tourner sur elle-même, sans suivre de
direction constante. Au reste, ce tournoiement
n'est pas inutile aux étourneaux ; il écarte les
oiseaux de proie, qui se trouveraient mal de
s'engager dans l'épais tourbillon où ils seraient
exposés à mille chocs divers.

Les canards sauvages vont aussi, aux
approches de l'hiver, chercher des climats
plus doux. Tous s'assemblent à un certain
jour, et partent de compagnie. D'ordinaire,
ils s'arrangent sur une longue colonne, comme
un I, ou sur deux lignes réunies en un point,
comme un Λ renversé, un d'eux à la tête,
suivi des autres dans les rangées qui vont

toujours en s'éloignant davantage. Le canard
qui forme la pointe, fend l'air ; il facilite ainsi
le passage à ceux qui suivent, et dont le bec
est toujours posé sur la queue de ceux qui les
devancent. L'oiseau conducteur n'est qu'un
temps chargé de cette pénible tâche ; il passe
ensuite de la pointe à la queue pour se reposer,
et il est relevé par un autre.

STURM.

De longs triangles d'oies sauvages et de
cygnes vont et viennent chaque année du midi
au nord, ne s'arrêtent qu'aux limites brumeuses
de l'hiver, passent sans s'étonner au-dessus
des citées populeuses de l'Europe, et dédaignent
leurs campagnes fécondes, sillonnées de blés
verts au milieu des neiges. D'un autre côté,
des légions de lourdes cailles traversent la mer,
et vont au midi chercher les chaleurs de l'été.
Vers la fin de septembre, elles profitent d'un
vent du nord pour quitter l'Europe, et en
battant une aile, et présentant l'autre au
vent, moitié voile, moitié rame, elles rasent
les flots de la méditerranée de leur croupion
chargé de graisse, et se réfugient dans les

sables de l'Afrique, pour y servir de nourriture
aux faméliques habitants du Zara.

Bᴇʀɴᴀʀᴅɪɴ ᴅᴇ ѕᴀɪɴᴛ-ᴘɪᴇʀʀᴇ.

Mais de tous les oiseaux voyageurs, ceux
qui exécutent les courses les plus longues et les
plus hardies, ce sont les grues. Originaires des
contrées septentrionales, les grues parcourent
les régions tempérées, et s'enfoncent dans
celles du midi. Elles s'élèvent à une grande
hauteur dans les airs, et s'y disposent en ordre
de bataille. Leur phalange forme une espèce
de triangle, propre à diminuer la résistance
que l'élément léger apporte à la rapidité de
leur vol. Mais si le vent devient impétueux, et
qu'il menace de les rompre, elles se disposent
en cercle, en se resserrant de plus en plus :
elles en usent de même à la rencontre des
grands oiseaux de proie, dont elles ont à repousser les attaques. C'est, pour l'ordinaire,
dans les ombres de la nuit qu'elles fendent
les airs; et leur voix éclatante annonce au
loin leur passage. On dirait qu'elles ont un
chef qui dirige la marche, et qui les avertit
fréquemment par un cri, de la route qu'il

13

ment : la troupe répète ce cri, comme pour faire entendre qu'elle suit et garde la direction qui lui est marquée. Pressentent-elles l'orage ? elles abaissent leur vol, et se rapprochent de la terre. Quand elles s'y rassemblent pendant les ténèbres, elles ont soin d'établir une garde qui veille tandis que la troupe dort, et qui l'avertit du danger qui la menace. Ces grands oiseaux émigrent dès les premiers froids de l'automne; on les voit alors passer du fond de l'Allemagne en Italie, et poursuivre leur marche vers le midi. Ils nichent dans les marais du nord. A peine l'éducation de la famille est-elle achevée, que le temps du départ arrive : les petits se mettent en route avec ceux dont ils tiennent le jour, et que déjà ils peuvent accompagner dans leurs longues traversées.

Les vrais oiseaux de passage émigrent périodiquement dans une certaine saison : mais il arrive quelquefois qu'on observe de nombreuses migrations d'espèces sédentaires, soit que des orages violents les chassent des lieux qu'elles habitent. soit qu'elles viennent à y manquer de subsistance. Ce sont là des migrations irrégulières, qui n'ont lieu que trois ou quatre fois dans un siècle, et dont le *bec-*

croisé et le *casse-noix* fournissent des exemples.

Tous les oiseaux de passage ne se rassemblent point en troupes. Il en est qui font le voyage seuls; d'autres ne le font qu'avec leur propre famille; d'autres émigrent par petites compagnies. Ce sont les pères et les mères qui rassemblent les enfants, lorsque le temps du départ approche. Plusieurs familles se réunissent pour faire une même caravane, se mettre par là en état de surmonter les résistances, et de s'opposer à leurs ennemis. Le trajet s'exécute en assez peu de temps. On estime que les oiseaux voyageurs peuvent facilement faire deux cents milles, en ne volant que six heures par jour, dans la supposition qu'ils se reposent par intervalles, et durant la nuit. Selon ce calcul, ils pourraient se rendre de nos climats jusque sous la ligne en sept ou huit jours; et cette conjecture s'est vérifiée; puisque sur les côtes du Sénégal on a vu des hirondelles dès le 9 d'octobre, c'est-à-dire huit ou neuf jours après leur départ de l'Europe.

Rien de plus admirable que ces légions de volatiles, qui, à des temps marqués, quittent un pays pour aller dans d'autres très éloignés de ceux qu'ils abandonnent; et où ils reviendront ensuite, à une époque également déterminée, retrouver le lieu précis de leur séjour natal. Quel instinct les rassemble ? quelle boussole les dirige ? quelle carte leur trace la route ? On conçoit que le changement de saison et le défaut de nourritures convenables avertissent ces différentes espèces d'oiseaux de changer de demeure. En effet, ceux qui vivent d'insectes voltigeants, partent les premiers de nos climats, parce que ces insectes manquent les premiers. Les oiseaux qui se nourrissent d'insectes terrestres, comme de vers, de chenilles, de fourmis, partent plus tard, parce qu'ils trouvent plus long-temps de quoi fournir à leur subsistance. Ceux qui vivent de graines et de fruits qui ne parviennent à leur maturité qu'en automne, n'arrivent qu'en cette saison, et habitent nos campagnes une partie de l'hiver. Enfin, les oiseaux qui usent des mêmes aliments que l'homme, et se nourrissent de son superflu, restent l'année tout entière aux environs des lieux habités.

Sturm.

Pendant que les oiseaux déploient vers le

haut de l'atmosphère et leur puissance et leur beauté ; pendant que, volant en troupes serrées, ils resplendissent des rayons réfléchis par leurs plumes luisantes et richement colorées; et qu'obscurcissant, en quelque sorte, les campagnes au-dessus desquelles ils passent, ils indiquent leur route par des ombres qui en dessinent l'image fugitive; ils font souvent entendre leurs voix retentissantes, et réveillant les échos des bois et des vallées, ils entonnent, pour ainsi dire, l'hymne annuel de leur victoire contre le froid, le vent et les tempêtes.

C'est ainsi qu'ils franchissent sans s'arrêter, et dans un espace de quelques heures, des intervalles de plus de cent lieues, ou cinquante myriamètres.

Portons nos regards sur la totalité du globe, et contemplons le magnifique spectacle que produisent ces immenses colonnes d'oiseaux, auxquels les changements de saison donnent le signal du départ et celui de l'arrivée. Ces longues bandes animées par tant de ressorts, émaillées de tant de couleurs, brillantes de tant de feux, se balancent le long des méridiens, s'avancent ou s'éloignent avec l'astre de la lumière, asservissent sans cesse leurs mouvements immenses et réguliers au soleil qui les colore. Variant, pour ainsi dire, leurs dimensions avec les largeurs des continents et des grandes îles, au-dessus desquelles elles se meuvent; serrant leurs rangs, se rétrécissant en cinglant vers les pôles, s'écartant, au contraire, et s'étendant au loin en s'approchant de l'équateur; se tenant toujours à une plus grande distance des zones glaciales au-dessus du nouveau continent, beaucoup plus froid que l'ancien, ne tendant jamais autant vers le pôle antarctique que vers le pôle boréal, dont l'hémisphère présente moins de mers, de neiges endurcies et de montagnes de glace, constamment entraînées, malgré leurs efforts, par le grand courant de l'atmosphère qui va de l'orient au couchant; forcées, par cette cause perturbatrice, énergique et régulière, de fléchir leur direction vers l'occident de la terre, lorsqu'elles volent vers la ligne équinoxiale, ne montrent-elles pas à l'œil attentif le vaste et fidèle tableau des forces les plus remarquables et les plus irrésistibles de la nature ?

LACÉPÈDE.

LES OISEAUX DU BRÉSIL

Si vous parvenez sur les rives solitaires de quelques-uns de ces grands fleuves du nord qui ont été encore si peu explorées, si vous visitez ces lagunes qu'on rencontre si fréquemment dans les grandes forêts après les pluies de l'hivernage, vous êtes émerveillé de la multitude d'oiseaux aquatiques qui se promènent avec une gravité mélancolique, comme s'ils comprenaient qu'on leur ravira bientôt l'empire de ces lieux solitaires. C'est le soco-boy ou héron-bœuf, le premier en force et en grandeur, dont le plumage un peu terne se détache sur la magnificence du feuillage et des fleurs, et qui se plaît à l'écart ; c'est le garça-réal à la robe blanche sans tache ; ce sont les phénicoptères, dont la parure éclatante l'emporte sur celle de tous les autres oiseaux du rivage. Les spatules roses, le guara

au plumage de feu, plusieurs espèces de canards surtout, viennent rompre, par la rapidité de leur vol et la turbulence de leurs
allures, la tranquillité mélancolique de ces
rivages à peine visités par les voyageurs. Non
loin de là et dans les endroits marécageux,
l'anheima ou kumichi fait entendre ses plaintes
douloureuses, et se mêle rarement aux autres
oiseaux. Un des caractères de l'ornithologie
brésilienne le long des fleuves ou des plus
petits cours d'eau, c'est l'innombrable quantité de martins-pêcheurs qui se croisent en
sens divers avec un léger cri, et dont le plumage vert à reflets métalliques se dore aux
rayons du soleil.

On admire, en Amérique, trois grandes
espèces de perroquets : l'ara rouge, l'ara aux
ailes bleues et à la poitrine d'un jaune éclatant,
que les Tupinambas avaient surnommé le *ca-
nindé*, et l'ara, plus rare, aux ailes entièrement bleues, qu'on ne rencontre guère que
dans l'intérieur, et dont il n'existe probablement point d'individus vivants en Europe. Au
Brésil, ces trois magnifiques espèces ont cessé
depuis long-temps de se montrer dans le voisinage des grandes villes de la côte ; mais, en
revanche, il n'est pas rare de rencontrer les

aras rouges et même les canindés à peu de distance du littoral, dans les bois de la côte orientale, où ils ne jouissent pas cependant toujours d'un bien sûr asile. Rien n'est plus splendide sur les bords du Belmonte ou du Rio-Dore, que de voir un jaquétiba chargé de son feuillage abondant et pittoresque, servant d'asile à ces oiseaux; on les prendrait pour les fleurs de cet arbre géant : mais entendent-ils quelque bruit inaccoutumé, ils déploient tout à coup leurs grandes ailes de pourpre, on les voit tournoyer près de leurs nids, en jetant leur cri sonore dans la solitude ; et si le soleil vient à les frapper alors de ses rayons, ils font comme une auréole de pourpre et d'azur à ce roi des forêts.

Un des oiseaux qui frappent le plus ordinairement les étrangers, lorsqu'ils s'éloignent seulement à quelques lieues des grandes villes, c'est le toucan ; il est, comme on sait, aussi remarquable par la bizarrerie de sa conformation que par l'éclat d'une partie de son plumage. Il y aurait quelque erreur à croire que ces hôtes magnifiques des forêts sont réunis sur le même point, ils se trouvent dispersés dans les parages les plus éloignés les uns des autres ; mais on peut dire cependant

13..

que la nombreuse famille des tangaras et des cardinaux suffit pour peupler même les environs des grandes villes d'une multitude d'oiseaux charmants. Peut-être est-ce un préjugé trop généralement répandu en Europe, que les oiseaux de la zone équinoxiale n'ont qu'un cri désagréable. Le sabia, le grunhata, le patativa, l'azulas et tant d'autres ne le cèdent, pour la douceur de leur ramage, à aucun des oiseaux chanteurs de l'Europe.

Entre ces habitants gracieux des campagnes et des forêts, il y en a un qui a excité une égale admiration parmi les Européens et parmi les nations indigènes, c'est l'oiseau mouche. Les Indiens des diverses parties de l'Amérique l'ont nommé tour à tour *guainumbi* ou *guaracingua*, le rayon, le cheveu du soleil ; *yayautl - quitotl*, *slsioci*, le petit roi des fleurs. Ils le comparent, dans leur langage animé, à ce qu'il y a de plus éclatant et de plus rapide parmi les objets de la création. Quand ils en parlent, les vieux voyageurs épuisent les formules de l'admiration : tantôt, pour me servir des expressions du P. du Tertre, c'est une petite fleur céleste qui vient caresser les fleurs de la terre ; tantôt c'est un bouquet de pierreries qui rayonne aux feux du jour. L'oiseau-mouche est répandu dans toute l'étendue du Brésil, et il y en a surtout une prodigieuse quantité aux environs de San-Salvador. Les Portugais lui ont donné, ainsi qu'au colibri, le nom poétique de *beija-flor* (baise-fleur).

FERDINAND DENIS.

LES ANIMAUX.

Si nous considérons les animaux nous verrons qu'il y en a des espèces innombrables. Les uns n'ont que deux pieds, d'autres en ont quatre, d'autres en ont un très grand nombre. Les uns marchent, les autres rampent; d'autres volent, d'autres nagent; d'autres volent, marchent et nagent tout ensemble. Les ailes des oiseaux, et les nageoires des poissons, sont comme des rames qui fendent la vague de l'air ou de l'eau, et qui conduisent le corps flottant de l'oiseau ou du poisson, dont la structure est semblable à celle d'un navire. Mais les ailes des oiseaux ont des plumes avec un duvet qui s'enfle à l'air, et qui s'appesantirait dans les eaux. Au contraire, les nageoires des poissons ont des pointes dures et sèches qui fendent l'eau sans en être imbibées, et qui ne s'appesantissent point quand on les mouille. Certains oiseaux qui nagent, comme les cygnes, élèvent en haut leurs ailes et tout leur plumage, de peur de les mouiller, et afin qu'ils leur servent comme de voiles. Ils ont l'art de tourner ce plumage du côté du vent, et d'aller, comme les vaisseaux, à la bouline, quand le vend ne leur est pas favorable. Les oiseaux aquatiques, tels que les canards, ont aux pattes de grandes peaux qui s'étendent, et sont des raquettes à leurs pieds, pour les empêcher d'enfoncer dans les bords marécageux des rivières.

Parmi ces animaux, les bêtes féroces, telles que les lions, sont celles qui ont des muscles les plus gros aux épaules, aux cuisses et aux jambes : aussi ces animaux sont-ils souples, agiles, nerveux et prompts à s'élancer. Les os de leurs mâchoires sont prodigieux, à proportion du reste de leur corps. Ils ont des dents et des griffes qui leur servent d'armes terribles pour déchirer et pour dévorer les autres animaux. Par la même raison, les oiseaux de proie, comme les aigles, ont un bec et des ongles qui percent tout. Les muscles de leurs ailes sont d'une extrême grandeur, et d'une chair très dure, afin que leurs ailes aient un mouvement plus fort et plus rapide. Aussi ces animaux, quoique assez pesants, s'élèvent-ils sans peine jusque dans les nues, d'où ils s'élancent comme la foudre sur toute proie qui peut les nourrir. D'autres animaux ont des cornes. La plus grande force des uns est dans les reins et dans le cou : d'autres ne peuvent que ruer. Chaque espèce a ses armes offensives et défensives. Leurs chasses sont des espèces de guerres qu'ils ont les uns contre les autres, pour les besoins de la vie. Ils ont aussi leurs règles et leur police. L'un porte, comme la tortue, sa maison dans laquelle il est né ; l'autre bâtit la sienne, comme les oiseaux, sur les plus hautes branches des arbres, pour préserver ses petits de l'insulte des animaux qui ne sont point ailés. Il pose même son nid dans les feuillages les plus épais, pour le cacher à ses ennemis. Un autre, comme le castor, va bâtir jusqu'au fond des eaux d'un étang l'asile qu'il se prépare, et sait élever des digues pour le rendre inaccessible à l'inondation. Un autre, comme la taupe, naît avec un museau si pointu et si aiguisé, qu'il perce en un moment le terrain le plus dur, pour se faire une retraite souterraine. Le renard sait creuser un terrier avec deux issues, pour n'être point surpris, et pour éluder les piéges du chasseur. Les animaux reptiles sont d'une autre fabrique. Ils se plient et replient par les évolutions de leurs muscles; ils gravissent, ils embrassent, ils serrent, ils accrochent les corps qu'ils rencontrent; ils se glissent subtilement partout. Leurs organes sont presque indépendants les uns des autres : aussi vivent-ils encore après qu'on les a coupés. Les oiseaux, dit Cicéron, qui ont les jambes longues, ont aussi le cou long à proportion, pour pouvoir abaisser leur bec jusqu'à terre, et y prendre leurs aliments. Le chameau est de même. L'éléphant, dont le cou serait trop pesant par sa grosseur, s'il était aussi long que celui du chameau, a été pourvu d'une trompe, qui est un tissu de nerfs et de muscles, qu'il allonge, qu'il retire, qu'il plie en tous sens, pour saisir les corps, pour les enlever et pour les repousser : aussi les Latins ont-ils appelé cette trompe une main.

Certains animaux paraissent faits pour l'homme. Le chien est né pour le caresser, pour se dresser comme il lui plaît, pour lui donner une image agréable de société, d'amitié, de fidélité, et de tendresse; pour garder tout ce qu'on lui confie, pour prendre à la course beaucoup d'autres bêtes avec ardeur, et pour les laisser ensuite à l'homme, sans en rien retenir. Le cheval et les autres animaux semblables se trouvent sous la main de l'homme, pour le soulager dans son travail, et pour se charger de mille fardeaux. Ils sont nés pour porter, pour marcher, pour soulager l'homme dans sa faiblesse, et pour obéir à tous ses mouvements. Les bœufs ont la force et la patience en partage, pour traîner la charrue et pour labourer. Les vaches donnent des ruisseaux de lait. Les moutons ont dans leur toison un superflu qui n'est pas pour eux, et qui se renouvelle pour inviter l'homme à les tondre toutes les années. Les chèvres mêmes fournissent un crin long, qui leur est inutile, et dont l'homme fait des étoffes pour se couvrir. Les peaux des animaux fournissent à l'homme les plus belles fourrures, dans les pays les plus éloignés du soleil. Ainsi l'auteur de la nature a vêtu les bêtes selon leur besoin ; et leurs dépouilles servent encore ensuite d'habillements aux hommes pour les réchauffer dans les climats glacés. Les animaux qui n'ont presque point de poils, ont une peau très épaisse et très dure, comme des écailles : d'autres ont des écailles mêmes, qui se couvrent les unes les autres, comme les tuiles d'un toit, et qui sentr'ouvrent ou se resserrent, suivant qu'il convient à l'animal de se dilater, ou de se resserrer. Ces peaux et ces écailles servent aux besoins des hommes. Ainsi, dans la nature, non-seulement les plantes, mais encore les animaux sont faits pour notre usage. Les bêtes farouches mêmes s'apprivoisent, ou du moins craignent l'homme. Si tous les pays étaient peuplés et policés comme ils devraient l'être, il n'y en aurait point où les bêtes attaquassent les hommes. On ne trouverait plus d'animaux féroces que dans les forêts reculées; et on les réserverait pour exercer la hardiesse, la force et l'adresse du genre humain, par un jeu qui représenterait la guerre, sans qu'on eût jamais besoin de guerre véritable entre les nations. Mais observez que les animaux nuisibles à l'homme sont les moins féconds, et que les plus utiles sont ceux qui se multiplient davantage. On tue incomparablement plus de bœufs et de moutons, qu'on ne tue d'ours et de loups. Il y a néanmoins incomparablement moins d'ours et de loups, que de bœufs et de moutons sur la terre. Remarquez encore, avec Cicéron, que les femelles de chaque espèce ont des mamelles dont le nombre est proportionné

à celui des petits qu'elles portent ordinairement. Plus elles portent de petits, plus la
nature leur a fourni de sources de lait pour
les allaiter.

Pendant que les moutons font croître leur
laine pour nous, les vers à soie nous filent à
l'envi de riches étoffes, et se consument pour
nous les donner. Ils se font de leur coque une
espèce de tombeau, où ils se renferment dans
leur propre ouvrage, et ils renaissent sous
une figure étrangère, pour se perpétuer.
D'un autre côté, les abeilles vont recueillir
avec soin le suc des fleurs odoriférantes, pour
en composer leur miel; et elle les rangent avec
un ordre qui nous peut servir de modèle.
Beaucoup d'insectes se transforment, tantôt
en mouches et tantôt en vers. Si on les trouve
inutiles, on doit considérer que ce qui fait
partie du grand spectacle de la nature et
qui contribue à sa variété, n'est point sans
usage pour les hommes tranquilles et attentifs. Qu'y a-t-il de plus beau et de plus magnifique que ce grand nombre de républiques
d'animaux si bien policés, et dont chaque
espèce est d'une construction différente des
autres ? Tout montre combien la façon de
l'ouvrier surpasse la vile matière qu'il a mise

en œuvre. Tout m'étonne, jusqu'aux moindres moucherons. Si on les trouve incommodes, on doit remarquer que l'homme a besoin de quelques peines mêlées avec ses commodités. Il s'amollirait, il s'oublierait lui-même, s'il n'avait rien qui modérât ses plaisirs, et qui exerçât sa patience.

FÉNÉLON.

CONDUITE DE LA PROVIDENCE
A L'ÉGARD DES ANIMAUX.

La Providence a mis au midi des arbres toujours verts, et leur a donné un large feuillage pour abriter les animaux de la chaleur. Elle y est encore venue au secours des animaux en les couvrant de robes à poils ras, afin de les vêtir à la légère, et elle a tapissé la terre qu'ils habitent, de fougères et de lianes vertes, afin de les tenir fraîchement. Elle n'a pas oublié les besoins des animaux du nord : elle a donné à ceux-ci, pour toits, les sapins toujours verts, dont les pyramides hautes et touffues écartent les neiges de leurs pieds, et dont les branches sont si garnies de longues mousses grises, qu'à peine on en aperçoit le tronc ; pour litières, les mousses mêmes de la terre qui ont en plusieurs endroits plus d'un pied d'épaisseur, et les feuilles molles et sèches de beaucoup d'arbres, qui tombent précisément à l'entrée de la mauvaise saison; enfin, pour provision, les fruits de ces mêmes arbres, qui sont alors en pleine maturité. Elle y a ajouté çà et là les grappes rouges des sorbiers, qui brillant au loin sur la blancheur des neiges, invitent les oiseaux à recourir à ces asiles; en sorte que les perdrix, les coqs de bruyères, les oiseaux de neige, les lièvres, les écureuils trouvent souvent, à l'abri du même sapin, de quoi se loger, se nourrir et se tenir fort chaudement.

Mais un des plus grands bienfaits de la Providence envers les animaux du nord, est de les avoir revêtus de robes fourrées de poils longs et épais, qui croissent précisément en hiver, et qui tombent en été. Les naturalistes qui regardent les poils des animaux comme des espèces de végétations ne manquent pas d'expliquer leurs accroissements par la chaleur. Ils confirment leur système par l'exemple de la barbe et des cheveux de l'homme, qui croissent rapidement en été. Mais je leur demande pourquoi, dans les pays froids, les chevaux qui y sont ras en été, se couvrent en hiver d'un poil long et frisé comme la laine des moutons ? A cela ils répondent que c'est la chaleur intérieure de leur corps, augmentée par l'action extérieure du froid, qui produit cette merveille : fort bien; je pourrais leur objecter que le froid ne produit pas cet effet sur la barbe et sur les cheveux de l'homme, puisqu'il retarde leur accroissement; que de plus, dans les animaux revêtus en hiver par la Providence, les poils sont beaucoup plus longs et plus épais aux endroits de leur corps qui ont le moins de chaleur naturelle, tels qu'à la queue qui est très touffue dans les chevaux, les martres, les renards et les loups, et que ces poils sont courts et ras aux endroits où elle est la plus grande, comme au ventre. Leur dos, leurs oreilles, et souvent même leurs pattes, sont les parties de leurs corps les plus couvertes de poils. Mais je me contente de leur proposer cette dernière objection : La chaleur intérieure et extérieure d'un lion d'Afrique doit être au moins aussi ardente que celle d'un loup de Sibérie; pourquoi le premier est-il à poils ras, tandis que le second est velu jusqu'aux yeux ?

BERNARDIN DE SAINT-PIERRE.

L'OCÉANIE.

Embarquez-vous à Lima , vos yeux errants sur l'abîme ne verront que le ciel et la mer jusqu'à six cents lieues des côtes du Pérou , mais bientôt paraissent de nombreux attolons , ou groupes de petites îles riantes, probablement surgies depuis peu de siècles , et s'élevant à peine au-dessus des ondes ; d'autres , plus anciennes , perçant les nuages de leurs têtes granitiques. Ici des ruisseaux , bondissant de collines en collines , se perdent sur une côte basse, couverte de mangliers et de palétuviers ; là , le noir basalte s'élève hardiment en colonnes prismatiques , que les vagues mugissantes inondent de leur blanche écume. Tantôt un volcan furieux menace de réduire en poudre la contrée que sa lave a produite et fertilisée; tantôt des bosquets égayés par le ramage des plus jolis oiseaux , embellis par le succulent bananier, le jasmin et le gardénia suaves, et l'évi aux pommes d'or, embaument l'atmosphère, rafraîchie par les brises des montagnes. Les mers de ces rivages nourrissent d'excellents poissons, et renferment en leur sein des palais de coraux et de madrépores, et des coquillages de la plus grande beauté. Quelques uns de ces petits paradis insulaires étendent leurs plages en forme d'un arc ou d'une harpe; de frêles polypes construisent lentement les récifs qui les entourent comme un mur, et entre ces récifs, effroi de nos grands navires, se jouent les pirogues volantes des Polynésiens. En échange de leur ignorance, la nature généreuse a doté ces peuples fortunés d'une terre féconde et d'un printemps éternel. Continuez votre navigation à travers cet immense labyrinthe, vous rencontrerez vers le milieu de votre course un cinquième continent, presque aussi grand que l'Europe, et qui présente l'image d'un monde renversé. Là, d'autres astres, d'autres êtres, d'autres climats; on y salue le soleil levant quand la nuit nous couvre de ses ténèbres; on y jouit de l'été pendant que l'hiver nous attriste; l'automne paraît lorsque nous avons le printemps; le baromètre descend à l'approche du beau temps, et s'élève pour annoncer l'orage ; quelquefois en décembre les forêts prennent feu ; quelquefois le vent du nord-ouest, semblable au kamsin d'Egypte, brûle la terre, la réduit en poudre, et agrandit les vastes solitudes australiennes. Vous admirerez un volcan sans cratère et sans lave, qui lance continuellement des flammes ; des végétaux gigantesques, dont quelques uns croissent dans l'océan, et d'autres dans le sable pur ; des cerises qui grossissent avec le noyau à l'extérieur ; des poires ayant la queue à la partie la plus large du fruit ; des oiseaux singuliers, tels que l'aigle et le rouge-gorge blancs, le cygne et le kakatoua noirs, le casoar qui marche et ne peut voler ; des crabes bleus, des homards sans pattes et des chiens qui n'aboient pas ; le kangarou, composé étrange du chat, du rat, du singe, de l'opossum et de l'écureuil ; l'échidné épineux, mammifère sans mamelles, qui paraît être ovipare ; et l'ornithorynque, qui tient à la fois des phoques et des quadrupèdes, de l'oiseau et du reptile, créature fantastique que Dieu a placée sur le globe, pour renverser par sa présence tous les systèmes des naturalistes et confondre l'orgueil des savants.

De Rienzi.

14

LA NATURE
DANS L'AMÉRIQUE MÉRIDIONALE.

Dans ces contrées de l'Amérique méridionale, où la nature plus active fait descendre à grands flots, du sommet des hautes Cordillières, des fleuves immenses, dont les eaux, s'étendant en liberté, inondent au loin des campagnes nouvelles, et où la main de l'homme n'a jamais opposé aucun obstacle à leur cours ; sur les rives limoneuses de ces fleuves rapides, s'élèvent de vastes et antiques forêts. L'humidité chaude et vivifiante qui les abreuve, devient la source intarissable d'une verdure toujours nouvelle pour ces bois touffus, image sans cesse renaissante d'une fécondité sans bornes, et où il semble que la nature, dans toute la vigueur de la jeunesse, se plaise à entasser les germes primitifs. Les végétaux ne croissent pas seuls au milieu de ces vastes solitudes ; la nature a jeté sur ces grandes productions la variété , le mouvement et la vie. En attendant que l'homme viennent régner au milieu de ces forêts , elles sont le domaine de plusieurs animaux qui , les uns par la beauté de leurs écailles , l'éclat de leurs couleurs , la vivacité de leurs mouvements , l'agilité de leur course , les autres par la fraîcheur de leur plumage , l'agrément de leur parure , la rapidité de leur vol , tous par la diversité de leurs formes , font des vastes contrées du nouveau monde un grand et magnifique tableau , une scène animée , aussi variée qu'immense. D'un côté , des ondes majestueuses roulent avec bruit ; de l'autre , des flots écumants se précipitent avec fracas des rochers élevés , et des tourbillons de vapeurs réfléchissent au loin les rayons éblouissants du soleil ; ici , l'émail des fleurs se mêle au brillant de la verdure et est effacé par l'éclat plus brillant encore du plumage varié des oiseaux ; là , des couleurs plus vives , parce qu'elles sont renvoyées par des corps plus polis , forment la parure de ces grands quadrupèdes ovipares , de ces gros lézards que l'on est tout étonné de voir décorer le sommet des arbres et partager la demeure des habitants ailés.

LACÉPÈDE.

14.

BEAUTÉS DES PROPORTIONS
DANS LES ANIMAUX.

Combien la sagesse avec laquelle la Providence a ordonné les proportions des animaux est digne d'admiration! Si l'on vient à les examiner, on n'en trouvera aucun de défectueux dans ses membres, si on a égard à ses mœurs et aux lieux où il est destiné à vivre.

Le long et gros bec du toucan, et sa langue faite en forme de plume, étaient nécessaires à un oiseau qui cherche les insectes éparpillés dans les sables humides des rivages de l'Amérique. Il lui fallait à la fois une longue pioche pour y fouiller, une large cuiller pour les ramasser, et une longue frangée de nerfs délicats pour y sentir sa nourriture. Il fallait de longues jambes et de longs cous aux hérons, aux grues, aux flamants et aux autres oiseaux qui marchent dans les marais, et qui cherchent la proie au fond de leurs eaux. Chaque animal a les pieds, ou la gueule, ou le bec formé d'une manière admirable pour le sol qu'il doit parcourir, et pour les aliments dont il doit vivre. C'est de leurs configurations que les naturalistes tirent les caractères qui distinguent les bêtes de proie de celles qui sont frugivores. Ces organes n'ont jamais manqué aux besoins des animaux, et ils sont eux-mêmes indélébiles comme leurs instincts. J'ai vu, dans des campagnes, des canards élevés loin des eaux depuis très long-temps, qui avaient conservé à leurs pieds les larges membranes de leurs espèces, et qui, aux approches des pluies, battaient des ailes, jetaient des cris, appelaient les nuées, et semblaient se plaindre au ciel de l'injustice de l'homme qui les privait de leur élément. Aucun animal n'a manqué d'un membre nécessaire, ou n'en a reçu d'inutile. Des philosophes ont regardé les ergots appendices des pieds du porc comme superflus, parce qu'ils ne portent point à terre ; mais cet animal, destiné à vivre dans les lieux marécageux, où il aime à se vautrer et à faire avec son boutoir des fouilles profondes, s'y fût souvent enfoncé par sa gloutonnerie, si la nature n'eût disposé au-dessus de ses pieds deux ergots en saillie qui lui donnent les moyens de s'en retirer. Le bœuf qui fréquente les lieux marécageux des fleuves, en a à peu près de semblables. L'hippopotame qui vit dans les eaux et sur les rivages du Nil, a le pied fourchu, et au-dessus du paturon deux petites cornes qui plient contre terre quand il marche, de sorte qu'il laisse sur le sable une empreinte qu'on dirait être celle de quatre griffes. On peut voir la description de cet amphibie à la fin des voyages de Dampier.

Comment des hommes éclairés ont-ils pu méconnaître l'usage de ces membres accessoires, dont les paysans de quelques unes de nos provinces imitent la forme dans les échasses qu'ils appellent, par cette ressemblance même, *pieds de porcs*, et dont ils se servent pour traverser les endroits marécageux? Ces mêmes paysans ont imité pareillement celle des ergots pointus et écartés du pied de la chèvre, qui lui servent à gravir les rochers, dans ces pieux ferrés à deux pointes, qui retiennent dans la pente des montagnes les derrières de leurs lourdes charrettes. La nature, qui varie ses moyens comme les obstacles, a donné les ergots appendices aux pieds des porcs, par la même raison qu'elle a revêtu le rhinocéros d'une peau plissée de plusieurs plis , au milieu de la zone torride. On croirait ce lourd animal couvert d'un triple manteau , mais destiné à vivre dans les marais fangeux de l Inde , où il fouille avec la corne de son museau les longues racines des bambous , il y eût enfoncé par son poids énorme , s'il n'avait l'étrange faculté d'étendre , en se gonflant , les plis multipliés de sa peau , et de se rendre plus léger en occupant un plus grand volume. Ce qui nous paraît , au premier coup-d'œil , une défectuosité dans les animaux , est à coup sûr une compensation merveilleuse de la Providence , et ce serait souvent une exception à ses lois générales , si elle en avait d'autres que l'utilité et le bonheur des êtres. C'est ainsi qu'elle a donné à l'éléphant une trompe qui lui sert , comme une main , à grimper sur les plus rudes montagnes où il se plaît à vivre, et à y cueillir l'herbe des champs et les feuillages des arbres auxquels la grosseur de son cou ne lui permettrait pas d'atteindre. Elle a varié à l'infini , parmi les animaux , les moyens de se défendre comme ceux de subsister. On ne peut pas supposer que ceux qui marchent lentement , ou qui jettent des cris , souffrent habituellement ; car comment des races de malades auraient-elles pu se perpétuer et devenir même une des plus répandues du globe? Le flâgard ou paresseux se trouve en Afrique, en Asie, en Amérique. Sa lenteur n'est pas plus une paralysie, que celle de la tortue et du limaçon. Les cris qu'il jette quand on l'approche ne sont point des cris de douleur. Mais parmi les animaux, les uns étant destinés à parcourir la terre, d'autres à vivre à poste fixe, leurs défenses sont variées comme leurs mœurs. Les uns échappent à leurs ennemis par la fuite, d'autres les repoussent par des sifflements, des figures hideuses, des odeurs infectes, ou des voix lamentables. Il y en a qui disparaissent à leur vue, comme le limaçon qui est de la couleur des murailles ou de l'écorce des arbres où il se réfugie; d'autres, par une magie admirable, prennent à volonté la couleur des objets qui les environnent, comme le caméléon. Oh! que l'imagination des hommes est stérile auprès de l'intelligence de la nature! Ils n'ont rien produit, dans quelque genre que ce soit, qu'ils n'en aient trouvé le modèle dans ses ouvrages; le génie même dont ils font tant de bruit, ce génie créateur que nos beaux esprits croient apporter en venant au monde, et perfectionner dans les cercles ou dans les livres, n'est autre chose que l'art d'observer. Lorsqu'on s'égare même, on ne sort pas des routes de la nature. On n'est sage que de sa sagesse ; on n'est fou qu'en dérangeant ses plans. Le burin de Callot si fertile en monstres, n'a composé tant de démons affreux que des membres mal assortis de différents animaux, des becs de chats-huants, des gueules de crocodiles, des carcasses de chevaux, des ailes de chauves-souris, des griffes et des ergots qu'il a joints à la figure humaine pour rendre ses contrastes plus odieux.

BERNARDIN DE SAINT-PIERRE.

Si tout était le produit du hasard, les causes finales ne seraient-elles pas quelquefois altérées ? Pourquoi n'y aurait-il pas des poissons qui manqueraient de la vessie qui les fait flotter ? Et pourquoi l'aiglon, qui n'a pas encore besoin d'armes, ne briserait-il pas la coquille de son berceau avec le bec d'une colombe ? Jamais une méprise, jamais un accident de cette espèce dans *l'aveugle* nature ? De quelque manière que vous jetiez les dés, ils amèneront toujours les mêmes points ?

Voilà une étrange *fortune !* Nous soupçonnons qu'avant de tirer les mondes de l'urne elle a *secrètement* arrangé les *sorts*.

Cependant il y a des monstres dans la nature, et ces monstres ne sont que des êtres privés de quelques unes de leurs causes finales. Il est digne de remarque que ces êtres nous font horreur, tant l'instinct de Dieu est fort chez les hommes ! tant ils sont effrayés aussitôt qu'ils n'aperçoivent pas la marque de l'intelligence suprême ! On a voulu faire naître de ces désordres une objection contre la Providence; nous les regardons, au contraire, comme une preuve manifeste de cette même Providence. Il nous semble que Dieu a permis ces productions de la matière pour nous apprendre ce que c'est que la création sans *lui*. C'est l'ombre qui fait ressortir la lumière; c'est un échantillon de ces lois du hasard qui, selon les athées, doivent avoir enfanté l'univers.

CHATEAUBRIAND.

INSTINCTS DES ANIMAUX.

Le champ de la nature ne peut s'épuiser, et l'on y trouve toujours des moissons nouvelles. Ce n'est point dans une ménagerie, où l'on tient en cage les secrets de Dieu, qu'on apprend à connaître la sagesse divine; il faut l'avoir surprise, cette sagesse, dans les déserts, pour ne plus douter de son existence : on ne revient point impie des royaumes de la solitude, *regna solitudinis.* Malheur au voyageur qui aurait fait le tour du globe et qui rentrerait athée sous le toit de ses pères!

Nous l'avons visitée au milieu de la nuit, la vallée solitaire habitée par des castors, ombragée par des sapins, et rendue toute silencieuse par la présence d'un astre aussi paisible que le peuple dont il éclairait les travaux; et je n'aurais vu dans cette vallée aucune trace de l'intelligence divine? Qui donc aurait mis l'équerre et le niveau dans l'œil de cet animal qui sait bâtir une digue en talus du côté des eaux et perpendiculaire sur le flanc opposé? Savez-vous le nom du physicien qui a enseigné à ce singulier ingénieur les lois de l'hydraulique, qui l'a rendu si habile avec ses deux dents incisives et sa queue aplatie? Réaumur n'a jamais prédit les vicissitudes des saisons avec l'exactitude de ce castor, dont les magasins, plus ou moins abondants, indiquent, au mois de juin, le plus ou le moins de durée des glaces de janvier. A force de disputer à Dieu ses miracles, on est parvenu à frapper de stérilité l'œuvre entière du Tout-Puissant; les athées ont prétendu allumer le feu de la nature à leur haleine glacée, et ils n'ont fait que l'éteindre; en soufflant sur le flambeau de la création, ils ont versé sur lui les ténèbres de leur sein.

D'autres instincts plus communs, et que nous pouvons observer chaque jour, n'en sont pas moins merveilleux. La poule si timide, par exemple, devient aussi courageuse qu'un aigle quand il faut défendre ses poussins; rien n'est plus intéressant que ses alarmes lorsque, trompée par les trésors d'un autre nid, des petits étrangers lui échappent et courent se jouer dans une eau voisine. La mère effrayée rôde autour du bassin, bat des ailes, rappelle l'imprudente couvée; elle marche précipitamment, s'arrête, tourne la tête avec inquiétude, et ne cesse de s'agiter qu'elle n'ait recueilli dans son sein la famille boiteuse et mouillée qui va bientôt la désoler encore.

CHATEAUBRIAND.

DOMESTICITÉ DES ANIMAUX.

Tous les animaux réunis semblent destinés à tourner à notre profit tout ce qui végète, par leurs appétits universels, et surtout par cet instinct inexplicable de domesticité qui les attache à nous, sans qu'on ait pu en rendre susceptible ni le cerf qui est si timide, ni même les petits oiseaux qui cherchent à vivre sous notre protection, telle que l'hirondelle qui fait son nid dans nos maisons. La nature n'a donné l'instinct de sociabilité humaine qu'à ceux dont les services pouvaient être utiles à l'homme en tout temps, et elle les a configurés d'une manière admirable pour les différents sites du règne végétal. Je ne parle pas du chameau des Arabes, qui peut rester plusieurs jours sans boire, en traversant les sables brûlants du Zara; ni de la renne des

Lapons, dont le pied très fendu peut s'appuyer et courir sur la surface des neiges ; ni du rhinocéros des Siamois et des Pégouans, qui, avec les plis de sa peau qu'il gonfle à volonté, peut se dégager des terrains marécageux du Siriam ; ni de l'éléphant de l'Asie, dont le pied divisé en cinq ergots est si sûr dans les montagnes escarpées de la zone torride ; ni du lamas du Pérou, qui gravit avec ses pieds ergotés les âpres rochers des Cordilières. Chaque site extraordinaire nourrit pour l'homme un serviteur commode. Mais sans sortir de nos hameaux le cheval solipède paît dans les plaines, la vache pesante au fond des vallées, la brebis légère sur la croupe des collines, la chèvre grimpante sur les flancs des rochers ; le porc, armé d'un grouin, fouille les racines des marais ; l'oie et le canard mangent les herbes fluviatiles ; la poule ramasse tout ce qui se perd dans les champs ; l'abeille aux quatre ailes butine les poussières des fleurs ; et le pigeon rapide va glaner les semences qui se perdent dans les rochers inaccessibles. Tous ces animaux, après avoir occupé pendant le jour les différents sites de la végétation, reviennent, le

soir, à l'habitation de l'homme, avec des
bêlements, des murmures et des cris de joie,
en lui rapportant les doux tributs des plantes
changées, par une métamorphose inconcevable, en miel, en lait, en beurre, en œufs
et en crème.

BERNARDIN de SAINT-PIERRE.

DES CRIS DES ANIMAUX.

Il y a quelques lois relatives aux cris des animaux, qui, ce nous semble, n'ont point encore été observées, et qui mériteraient bien de l'être. Le divers langage des hôtes du désert nous paraît calculé sur la grandeur ou le charme du lieu où ils vivent, et sur l'heure du jour à laquelle ils se montrent. Le rugissement du lion, fort, sec, âpre, est en harmonie avec les sables embrasés où il se fait entendre, tandis que le mugissement de nos bœufs charme les échos champêtres de nos vallées; la chèvre a quelque chose de tremblant et de sauvage dans la voix, comme les rochers et les ruines où elle aime à se suspendre; le cheval belliqueux imite les sons grêles du clairon, et, comme s'il sentait qu'il n'est pas fait pour les soins rustiques, il se tait sous l'aiguillon du laboureur, et

hennit sous le frein du guerrier : la nuit,
tour à tour charmante ou sinistre, a le rossignol et le hibou; l'un chante pour le zéphyr,
les bocages, la lune; l'autre pour les vents,
les vieilles forêts et les ténèbres. Enfin, presque tous les animaux qui vivent de sang ont
un cri particulier qui ressemble à celui de
leurs victimes : l'épervier glapit comme le
lapin et miaule comme les jeunes chats; le
chat lui-même a une espèce de murmure semblable à celui des petits oiseaux de nos jardins; le loup bêle, mugit ou aboie; le renard glouse ou crie; le tigre a le mugissement
du taureau; et l'ours marin une sorte d'affreux râlement, tel que le bruit des rescifs
battus des vagues, où il cherche sa proie.

CHATEAUBRIAND.

DU LANGAGE DES ANIMAUX.

Tous les animaux, à la réserve de l'homme, sont privés de ce don éminent de la parole, parce que notre intelligence leur manque, et que c'est elle qui nous rend capables d'instruction. Cependant, comme les animaux expriment leurs besoins et leurs sensations par des signes naturels, et que, par certains sons, ils rendent les sentiments qui les affectent, on doit leur accorder une sorte de langage. La diversité de ces sons, leur nombre, leur usage, et l'ordre dans lequel ils se suivent, forment, avec les gestes, l'essence de celui des animaux.

Pour se faire une idée juste de cette faculté dans les êtres privés de raison, il n'est pas besoin de se livrer à de pénibles recherches : il suffit d'observer les animaux que nous avons journellement sous les yeux, et avec lesquels nous entretenons, en quelque sorte, un commerce familier. Séparez le tendre agneau de la mère qui le nourrit : ils se cherchent l'un l'autre avec une ardeur égale ; et lorsqu'ils sont à portée de s'entendre, ils s'avertissent par des cris auxquels le berger se méprend : mais la mère distingue, entre mille agneaux, les cris de son petit, comme celui-ci distingue, entre mille mères, les cris de la sienne qui lui répond, et les avis mutuels qu'ils se donnent de leur arrivée, sont enfin suivis d'une agréable réunion.

Examinons la poule avec ses poussins : a-t-elle fait quelque trouvaille ? elle les appelle et les invite : ils la comprennent, et accourent aussitôt. S'ils ont perdu de vue cette tendre mère, des cris plaintifs expriment leur angoisse et le désir qu'ils ont de la revoir. Je remarque les différents cris du coq, soit lorsqu'un étranger ou un chien entre dans la basse-cour, soit lorsqu'un épervier, ou quelqu'autre ennemi, vient à frapper sa vue, soit lorsqu'il appelle ses poules, ou qu'il leur répond. Que signifient ces cris lamentables de la poule d'Inde, que nous avons déjà observée ? Ses petits se cachent, et deviennent immobiles ; on dirait qu'ils sont morts. La mère regarde vers le ciel, et, son anxiété redouble. Qu'y découvre-t-elle donc ? Un point noir que nous entrevoyons à peine : et ce point est un oiseau de proie, qui n'a pu échapper à sa vigilance et à ses regards perçants. L'ennemi disparaît : la poule jette un cri de joie, l'inquiétude cesse, les petits se raniment et se rassemblent gaîment autour de leur protectrice.

Le langage du chien, si varié, si fécond, si riche en expressions, suffirait seul pour remplir un dictionnaire. Qui pourrait demeurer insensible, quand ce fidèle domestique manifeste la joie que lui fait éprouver le retour de son maître ? Il saute, il danse, il court, il tourne précipitamment autour de l'objet chéri ; il s'arrête tout-à-coup, le fixe avec les signes de la tendresse la plus touchante ; s'approche de lui, le lèche et le caresse à plusieurs reprises ; puis, recommençant de nouveau son jeu, il disparaît, revient en traînant quelque chiffon après lui, prend mille jolies attitudes, aboie, raconte son bonheur à tout le monde, et fait éclater sa joie en mille manières. Mais combien les sons qu'il profère maintenant ne diffèrent-ils pas de ceux qu'il fait entendre la nuit, lorsqu'il aperçoit un voleur; ou de ceux qui lui échappent à la vue du loup ! Suivez-le à la chasse : vous verrez comme il sait se faire entendre par tous ses mouvements, et particulièrement par ceux de sa queue ; avec quel art il assortit sa démarche et ses différents signes aux découvertes dont il veut faire part.

Je chasse à la pipée, et je me sers d'une chouette. Une hirondelle l'aperçoit, crie et vole quelque temps autour du triste oiseau, et disparaît. Au bout d'un quart d'heure, je vois accourir des escadrons d'hirondelles, qui me forcent d'abandonner la chasse. La première avait donc été sonner le tocsin?

Non-seulement les bêtes donnent à connaître ce qu'elles éprouvent, mais nous parvenons à les diriger à notre gré, par le seul secours de la voix. Certains sons qui plusieurs fois ont frappé leurs oreilles, et toujours dans les circonstances propres à faire sur le cerveau une forte impression, s'y gravent profondément : en sorte qu'à l'audition de ces mêmes sons, l'idée de la chose ou de l'acte qui y a été attaché se réveille à l'instant. La manière dont on dresse les animaux domestiques, et celle dont on apprivoise les animaux sauvages, en fournissent des exemples sans nombre.

Quelle est admirable la sagesse et la bonté de l'Être-Suprême ! Quels soins bienfaisants il a manifestés envers les animaux, en leur accordant le pouvoir d'exprimer par leurs attitudes et par des sons leurs sensations, ainsi que leurs besoins ! Pour compenser la privation de la parole, il les a doués de l'adresse à communiquer, par mille petits moyens, leurs sensations à leurs semblables, aussi bien qu'à l'homme. Il les a pourvus d'organes propres à produire et à varier un certain nombre de sons, et dont la structure est telle, que chaque espèce a des cris particuliers et distinctifs, par lesquels on parvient à l'entendre. De là vient que, quand on souffle dans la trachée-artère d'une brebis ou d'un coq, on croit entendre l'une ou l'autre de ces créatures, quoique toutes deux elles aient cessé de vivre. En un mot, le Créateur a donné au langage des animaux toute la perfection dont leur nature le rendait susceptible, et toute celle qu'exigeait le but pour lequel ils ont été créés.

STURM.

MIGRATIONS DES ANIMAUX.

Les animaux peuvent, quant à leur mode d'habitation, se diviser en deux classes : les uns restent pendant toute la durée de leur vie dans les régions où ils ont pris naissance, ou du moins ils s'en éloignent fort peu ; d'autres, au contraire, entreprennent soit périodiquement dans certaines saisons de l'année, soit à des époques non périodiques, des voyages de long cours, et se rendent à des distances quelquefois très considérables, le plus ordinairement pour y passer un certain laps de temps, d'autres fois même pour s'y établir tout-à-fait. Ce sont ces voyages qu'on a coutume de désigner sous le nom de migration.

Les animaux dont les mouvements s'exécutent avec lenteur ou difficulté, et par conséquent avec peine et fatigue, ne peuvent faire que de très petites excursions. Ainsi, géné-

ralement, les quadrupèdes et les reptiles voyagent peu, tandis que les oiseaux, pourvus
d'ailes, que leurs forces et leurs dimensions
rendent propres à un vol soutenu, et parmi
les poissons, ceux auxquels les modifications
de leur queue et de leurs nageoires, et surtout
la nature de l'élément fluide dans lequel ils
sont plongés, rendant les mouvements peu
difficiles et peu pénibles, doivent au contraire
être très propres à se porter à de grandes
distances.

Les exemples de migrations parmi les quadrupèdes sont rares; il faut cependant en
excepter celles d'une espèce de rats appelés
lemmings, qui vit en peuplades immenses,
chacun dans un trou particulier, sur les montagnes de la Laponie, et qui émigre à des
époques irrégulières, au plus une fois en dix
ans, vers l'océan et le golfe de Bothnie. Ces
excursions précèdent les hivers très froids.
Les lemmings doivent en avoir le pressen-
timent, car à l'approche de l'hiver de 1742,
qui fut extrêmement rigoureux en Laponie, et
beaucoup plus doux dans le nord de la Suède,
ils émigrèrent d'un pays dans l'autre. Quelle
que soit la cause de ces expéditions, elles se
font par un merveilleux accord de toute la

population d'une contrée. Formés en colonnes parallèles, aucun obstacle ne peut suspendre ni détourner leur marche toujous en droite ligne ; la halte dure tout le jour, et l'endroit où ils séjournent est rasé comme si le feu y avait passé.

Les migrations des oiseaux sont connues de tout le monde, et il n'est personne qui ignore que les merles, les grives, les fauvettes, le rossignol, les hirondelles, les coucous, les colombes, les grues, les cigognes, les hérons, les oies et les canards sauvages, et beaucoup d'autres, vont dans certaines saisons de l'année, chercher dans d'autres climats la température qui leur convient. Dans plusieurs espèces, les individus qui doivent faire partie de la même troupe se rendent tous sur le même point, à la même époque, et partent tous ensemble, rangés dans un ordre régulier, et disposés de la manière la plus propre à leur permettre de vaincre, avec le moins d'efforts possibles, la résistance de l'air.

Il est maintenant reconnu que tous les oiseaux qui émigrent, voyagent en troupes ou en familles, que les jeunes, chez le plus grand nombre, ne voyagent pas avec les vieux, et que, partant en familles, ils se séparent pour se réunir en troupes composées d'individus du même âge; les jeunes reviennent rarement dans les mêmes lieux qui les ont vus naître. Dans cette contrée on ne trouve que les jeunes, âgés d'un ou deux ans, et dans telle autre, que les individus plus âgés; c'est ce qu'on a observé sur les hirondelles, les cigognes, les grues et plusieurs autres espèces. Plusieurs faits démontrent même que certaines espèces reviennent tous les ans couver dans le même lieu et pondre dans le même nid.

Parmi les poissons émigrants nous citerons le hareng commun, comme le plus remarquable. Pendant long-temps on a cru que tous les harengs se retiraient périodiquement dans les régions les plus froides des mers polaires, et que là, ne trouvant pas une nourriture proportionnée à leur nombre prodigieux, ils envoyaient au commencement de chaque printemps des colonies nombreuses vers les régions plus tempérées de l'Europe et de l'Amérique. On a tracé la route de ces légions errantes; on a pensé que l'une de ces grandes colonnes se pressait autour des côtes d'Irlande, et se répandant sur le banc de Terre-Neuve, allait remplir les golfes et baies du continent américain; l'autre descendant le long de la Norwège, pénétrait dans la mer Baltique, cinglait ensuite vers la Grande-Bretagne, et inondait les côtes de France et d'Espagne.

Les harengs naviguent par bancs épais et innombrables; à leur approche, la mer est couverte d'une matière épaisse, visqueuse, qu'on assure être lumineuse pendant la nuit. Les oiseaux de mer, des requins, des cétacés se réunissent autour de ces amas d'émigrants dont ils détruisent des quantités incalculables, et les pêcheurs, préparants leurs filets, viennent concourir à cette épouvantable destruction. La grande pêche a lieu depuis la fin de juin jusqu'au commencement de janvier. On est même parvenu à attirer les harengs sur des rivages qu'ils ne fréquentaient pas. C'est surtout en Suède et en Amérique qu'on les a appelés sur des plages où on ne les avait jamais vus, en faisant éclore des œufs de harengs vers l'embouchure de fleuves où les individus sortis de ces œufs contractent l'habitude de revenir, suivis d'une innombrable progéniture.

Parmi les autres classes d'animaux dont les migrations sont dignes d'attention, nous citerons quelques crabes, et ces sauterelles qui, s'avançant en nombre infini, ont plusieurs fois porté la désolation dans quelques contrées et exercé des ravages que l'émigration conçoit difficilement, malgré le témoignage de voyageurs dignes de foi. Ces migrations de sauterelles ou de quelques autres insectes ne sont nullement comparables à celles des oiseaux et des poissons; elles sont irrégulières comme celle des lemmings, et heureusement plus rares encore.

Quelles sont les causes de ces émigrations singulières d'êtres si divers? Il est probable, pour les insectes et les lemmings, que la multiplication considérable des individus amène la destruction des substances qui forment la nourriture habituelle de l'espèce, et que pour ne pas éprouver les besoins et les souffrances de la faim, ils quittent les lieux qu'ils habitent pour dévorer tout ce qu'ils rencontrent sur leur passage. La cause des migrations des poissons est plus évidente, et le besoin qu'ils éprouvent de rechercher des lieux favorables pour déposer leurs œufs, peut à lui seul rendre raison de ces courses périodiques. On sait qu'à la même époque un grand nombre d'espèces parmi celles qui n'émigrent pas, remontent les fleuves dans le même but.

Quant aux causes des migrations périodiques des oiseaux, on conçoit que les espèces qui se nourrissent d'insectes dans les pays chauds, ne pourraient y demeurer dans la saison froide, et qu'elles périraient nécessairement, si elles n'allaient pas chercher dans d'autres régions la nourriture qu'elles ne peuvent plus trouver dans leur patrie. Une autre cause non moins puissante est le besoin d'échapper à la variation des saisons. C'est ainsi qu'une multitude d'espèces, après avoir passé le printemps et l'été dans nos climats, se retirent en automne et vont dans d'autres régions retrouver une température plus douce dont nous ne jouissons plus. Réciproquement, d'autres espèces ne fréquentent nos côtes que dans la saison froide, et les quittent à la fin de l'hiver pour se rapprocher des pays du nord.

Rousse.

Il est des tribus d'animaux qui dédaignent la végétation. Elles sont ordonnées aux éléments, au jour, à la nuit, aux tempêtes et aux diverses parties du globe. L'aigle confie son nid au rocher qui se perd dans la nue ; l'autruche, aux sables arides des déserts; le flamand couleur de rose, aux vases de l'océan méridional. L'oiseau blanc du tropique et la noire frégate se plaisent à parcourir ensemble la vaste étendue des mers, à voir du haut des airs voguer les flottes des Indes sous leurs ailes, et à circonscrire ce globe d'orient en occident, en disputant de rapidité avec le cours même du soleil. Sous les mêmes latitudes, des tourterelles et des perroquets, moins hardis, ne voyagent que d'îles en îles, promenant à leur suite leurs petits, et ramassant, dans les forêts, les graines d'épiceries qu'ils font crouler de branches en branches.

Il y a des animaux qui ne voyagent que la nuit. Des millions de crabes descendent, aux Antilles, des montagnes à la clarté de la lune, en faisant sonner leurs tenailles, et offrent aux Caraïbes, sur les grèves stériles de leurs îles, leurs écailles remplies de moelle exquise. Dans d'autres saisons, au contraire, les tortues quittent la mer pour aborder aux mêmes rivages, et entassent des sachées d'œufs dans leurs sables stériles. Les glaces mêmes des pôles sont habitées. On voit dans leurs mers et sous leurs promontoires flottants de cristal, de noires baleines chargées de plus d'huile

que n'en peut donner un champ d'oliviers.
Des renards, revêtus de précieuses fourrures,
trouvent à vivre sur leurs rivages abandonnés
du soleil; des troupeaux de rennes y grattent
la neige pour chercher des mousses, et s'a-
vancent en bramant dans ces régions désolées
de la nuit, à la lueur des aurores boréales.
Par une Providence admirable, les lieux les
plus arides présentent à l'homme, dans la
plus grande abondance, des vivres, des
habits, des lampes et des foyers qu'ils n'ont
pas produits.

BERNARDIN DE SAINT-PIERRE.

SURABONDANCE
DE LA NATURE A L'ÉGARD DE L'HOMME.

Il y a dans la conduite de la nature envers l'homme une bonté bien digne d'admiration ; c'est qu'en lui défendant, d'une part, d'altérer la régularité de ses lois pour satisfaire ses caprices, de l'autre, elle lui permet souvent d'en déranger le cours pour subvenir à ses besoins. Par exemple, elle fait naître de l'accouplement de l'âne et de la jument, le mulet qui est si utile dans nos montagnes, et elle prive cet animal du pouvoir de se reproduire, afin de conserver les espèces primitives qui sont d'une utilité plus générale. On peut reconnaître dans la plupart de ses ouvrages ses condescendances maternelles et ses prévoyances, si j'ose le dire, vraiment royales. Elles se manifestent surtout dans les productions de nos jardins ; on les trouve dans celles

15.

de nos fleurs qui ont des surabondances de
corolles , comme dans la rose double qui ne se
reproduit point de graines , et que , pour cette
raison , quelques botanistes ont osé qualifier
de monstre , quoiqu'elle soit la plus belle des
fleurs au sentiment de tous les peuples. Des
naturalistes ont cru qu'elle sortait des lois de
la nature , parce qu'elle s'écartait de leurs
systèmes ; comme si la première des lois qui
gouverne le monde , n'avait pas pour objet le
bonheur de l'homme ! Mais si les roses et les
fleurs qui ont une surabondance de corolles
sont des monstres , les fruits qui ont une surabondance de chairs fondantes et de pâtes
sucrées inutiles au développement de leurs
graines , comme les pommes , les poires , les
melons ; et les fruits qui n'ont pas même de
semences , comme les ananas , les bananes ,
les fruits à pin , sont donc des monstres aussi ?
Les racines qui deviennent si charnues dans
nos jardins et qui tournent en gros pivots , en
glandes succulentes , en bulbes farineuses et
inutiles au développement de leurs tiges , sont
encore des monstres. La nature ne nourrit
l'homme en partie , que de cette surabondance
végétale , elle ne l'accorde qu'à ses travaux.
Les végétaux des mêmes espèces que ceux de nos

jardins, lorsqu'ils croissent sauvages, se jettent en feuilles et en branches; s'ils portent du fruit, la chair en est toujours maigre, et la semence ou le noyau fort gros. N'est-ce donc pas une véritable complaisance de la part de la nature, de transformer, sous la main de l'homme, en aliments, les mêmes sucs qui se convertiraient, dans les forêts, en hautes tiges et en fortes raçines? Sans sa condescendance, en vain l'homme dirait à la sève des arbres : Vous vous rendrez dans les fruits, et vous n'irez point au-delà. Il aurait beau, dans la terre la plus féconde, mutiler, étêter, ébourgeonner; l'amandier n'y couvrirait point son amande d'une pulpe charnue et fondante comme celle de la pêche. C'est la nature qui fait, de temps en temps, présent à l'homme des variétés utiles et agréables qu'elle tire du même genre. Tous nos arbres fruitiers sortent originairement des forêts, et aucun ne s'y reperpétue dans son espèce. La poire appelée Saint-Germain, a été trouvée dans la forêt Saint-Germain avec la saveur que nous lui connaissons. La nature l'a choisie, comme les autres fruits de nos vergers, sur la table des animaux, pour la placer sur celle de l'homme; et afin que nous ne puissions douter de son bienfait et de son origine, elle a voulu que ses semences ne reproduisent que des sauvageons. Ah ! si elle suspendait ses lois particulières dans les jardins de nos mécréants, pour y établir ces prétendues lois générales, quel serait leur étonnement de ne trouver dans leurs potagers et dans leurs vergers que quelques misérables *daucus*, de petites roses de chien, des poires sèches et des fruits agrestes, tels qu'elles les produisent dans les montagnes pour l'âpre palais des sangliers ! A la vérité, ils trouveraient des tiges d'arbres bien hautes et bien vigoureuses. Leurs vergers croîtraient au double, et leurs fruits diminueraient de moitié.

La même métamorphose arriverait dans les animaux de leurs métairies. La poule qui pond des œufs beaucoup plus gros par rapport à sa taille, et pendant neuf mois de suite, contre toutes les lois de l'incubation des oiseaux, rentrerait dans l'ordre et n'en donnerait tout au plus qu'une vingtaine dans le cours d'une année. Le porc produit de même son lard superflu. La vache qui fournit, dans les riches prairies de la Normandie, jusqu'à vingt-quatre bouteilles de lait par jour, n'en laisserait couler que ce qui suffit à son veau.

Ils répondent à cela, que ces surabondances

d'œufs, de lard et de crême, dans nos animaux domestiques, sont des effets de la nourriture qu'on leur prodigue. Mais ni la jument ne donne autant de lait que la vache, ni la canne ne pond autant d'œufs que la poule, ni l'âne ne se couvre de lard comme le porc, quoique ces animaux soient nourris aussi plantureusement les uns que les autres. D'ailleurs, la jument, la chèvre, la brebis, l'ânesse n'ont que deux mamelles, tandis que la vache en a quatre. La vache s'écarte, à cet égard, d'une manière bien remarquable des lois générales de la nature qui proportionne dans toutes les espèces le nombre des mamelles des mères à celui de leurs petits ; elle a quatre mamelles, quoiqu'elle ne porte qu'un veau et bien rarement deux, parce que ces deux mamelles superflues étaient destinés à être les nourrices du genre humain. La truie, à la vérité, n'en a que douze, et elle nourrit jusqu'à quinze petits. Ici la proportion paraît défectueuse. Mais si la première a plus de mamelles qu'il n'en faut à sa famille, et si la seconde n'en a pas assez pour la sienne, c'est que l'une devait donner à l'homme la surabondance de son lait, et l'autre celle de ses petits.

BERNARDIN DE SAINT-PIERRE.

HARMONIES GÉNÉRALES

Tous les climats ont leurs productions ; toutes les parties de la terre ont leurs habitants. Depuis les régions glacées de l'Ourse jusques aux sables brûlants de la torride, tout est animé. Depuis le sommet des montagnes jusques aux fond des vallées, tout végète et respire. Les eaux et l'air sont peuplés d'un nombre infini d'habitants. Les plantes et les animaux sont eux-mêmes de petits mondes qui nourrissent une multitude de peuples, aussi différents les uns des autres par leur figure et par leurs inclinations, que le sont les grands peuples répandus sur la surface de notre globe. Que dis-je ? la moindre molécule, la plus petite goutte de liqueur sont habitées. Harmonies merveilleuses, admirables rapports, qui en assortissant ainsi différentes productions à différents lieux, n'en laissent aucun absolument désert!

Un commerce réciproque lie tous les êtres terrestres.

Les êtres non organisés se rapportent aux êtres organisés comme à leur centre. Ceux-ci sont les uns pour les autres. Les plantes tiennent aux plantes. Les animaux tiennent aux animaux. Les animaux et les plantes s'enchaînent par des services mutuels. Voyez ce jeune lierre s'unir étroitement avec ce chêne majestueux; il en tire sa subsistance, et sa vie dépend de celle de son bienfaiteur. Grands de la terre, vous êtes ce chêne, ne refusez point votre appui aux faibles qui le recherchent; souffrez qu'ils vous approchent et qu'ils puisent chez vous de quoi subvenir à leur faiblesse et à leurs nécessités.

Considérez cette chenille hérissée de poil; les oiseaux n'oseraient y toucher: elle sert pourtant à leur nourriture: comment cela? Une mouche pique la chenille vivante; elle dépose ses œufs dans son corps: la chenille continue de vivre; les œufs éclosent; les petits croissent aux dépens de la chenille, et se changent ensuite en mouches qui servent de pâture aux oiseaux.

Il est entre les animaux des guerres éternelles, mais les choses ont été combinées si
sagement, que la destruction des uns fait la
conservation des autres, et que la fécondité
des espèces est toujours proportionnelle aux
dangers qui menacent les individus.

C. Bonnet.

Si l'on considère les harmonies des végétaux
avec les éléments, les animaux et les hommes,
elles manifestent la divinité sur toute la terre.
Elles préservent à la fois de l'athéisme et de
la superstition, ces deux fruits de l'orgueil;
elles parlent à tous les peuples le même langage, dans tous les temps et dans tous les
lieux. Les astres nous annoncent la divinité
par la constance de leurs mouvements, et les
plantes nous la démontrent par les grâces et
la variété de leurs harmonies; les cieux nous
prouvent sa puissance infinie; les végétaux de
la terre, son intelligence et sa bonté. Les
harmonies végétales sont inaltérables comme
les harmonies célestes; mais, plus rapprochées
de nous, elles nous offrent des spectacles
enchanteurs. La nature en compose chaque

jour de nouvelles pensées ; chaque année elle
les projette sur tous les sites de la terre , par
le ministère des vents et des eaux , et chaque
instant elle varie leurs combinaisons. Elle
semble se jouer de ses bienfaits avec les hommes,
comme une bonne mère qui jette au milieu de
ses enfants des caractères alphabétiques, mêlés
de raisins , d'amandes et de toutes sortes de
fruits , pour leur apprendre à lire et à l'aimer.
Hélas! avides des jeux barbares de la politique
humaine , nous attendons, soir et matin , avec
impatience, des nouvelles de ses cruels hasards;
ce sont des victoires sanglantes , des villes
bombardées , des escadres incendiées , des
négociations perfides , des famines affreuses ;
mais chaque nuit et chaque aurore nous
apportent de nouveaux journaux de la sagesse
et de la bonté de la Providence ; ce sont des
blés qui épient, des fruits qui nouent, des
vignes qui fleurissent ; elle nous invite sans
cesse à nous élever vers elle et à nous rapprocher les uns des autres.

BERNARDIN DE SAINT-PIERRE.

PERFECTION DE LA NATURE
DANS L'INFINITÉ DES CORPS.

Considérons les merveilles qui éclatent également dans les plus grands corps et dans les plus petits. D'un côté, je vois le soleil, tant de milliers de fois plus grand que la terre ; je le vois qui circule dans des espaces, en comparaison desquels il n'est lui-même qu'un atome brillant. Je vois d'autres astres, peut-être encore plus grands que lui, qui roulent dans d'autres espaces encore plus éloignés de nous. Au-delà de tous ces espaces, qui échappent déjà à toute mesure, j'aperçois encore confusément d'autres astres, qu'on ne peut plus compter ni distinguer. La terre où je suis n'est qu'un point, à proportion du tout, où l'on ne trouve jamais aucune borne. Ce tout est si bien arrangé, qu'on n'y pourrait déplacer un seul atome, sans déconcerter toute cette immense machine, et il se meut avec un si bel ordre, que ce mouvement même en perpétue la variété et la perfection. Il faut qu'une main à qui rien ne coûte, ne se lasse point de conduire cet ouvrage depuis tant de siècles, et que ses doigts se jouent de l'univers, pour parler comme l'Ecriture (1).

D'un autre côté, l'ouvrage n'est pas moins admirable en petit qu'en grand. Je ne trouve pas moins en petit une espèce d'infini qui m'étonne et qui me surmonte. Trouver dans un ciron, comme dans un éléphant ou dans une baleine, des membres parfaitement organisés; y trouver une tête, un corps, des jambes, des pieds formés comme ceux des plus grands animaux! Il y a dans chaque partie de ces atomes vivants des muscles, des nerfs, des veines, des artères, du sang; dans ce sang des esprits, des parties rameuses et des humeurs; dans ces humeurs, des gouttes composées elles-mêmes de diverses parties, sans qu'on puisse jamais s'arrêter dans cette composition infinie d'un tout si infini. Le microscope nous découvre dans chaque objet comme mille objets qui ont échappé à notre

(1) Ludens in orbe terrarum.

connaissance. Combien y a-t-il dans chaque objet découvert par le microscope d'autres objets que le microscope lui-même ne peut découvrir! Que ne verrions-nous pas si nous pouvions subtiliser toujours de plus en plus les instruments qui viennent au secours de notre vue trop faible et trop grossière? Mais suppléons par l'imagination à ce qui nous manque du côté des yeux; et que notre imagination elle-même soit une espèce de microscope, qui nous représente en chaque atome mille mondes nouveaux et invisibles : elle ne pourra pas nous figurer sans cesse de nouvelles découvertes dans les petits corps, elle se lassera ; il faudra qu'elle s'arrête, qu'elle succombe, et qu'elle laisse enfin dans le plus petit organe d'un corps mille merveilles inconnues.

Fénélon.

Prenez une loupe, et voyez la nature redoubler, pour ainsi dire, de soins à mesure que ses ouvrages diminuent de volume. Voyez l'or, la pourpre, l'azur, la nacre et tous les émaux dont elle embellit quelquefois la cuirasse du plus vil insecte. Voyez le réseau

chatoyant dont elle tapisse l'aile du ciron.
Voyez cette multitude d'yeux, ce diadême
clairvoyant dont elle s'est plu à ceindre la
tête de la mouche.

A mesure que le microscope s'est perfectionné on a vu la vie poindre de toutes
parts. Les moindres atomes sont devenus des
mondes habités, et les moindres gouttes de
liqueur, des mers poissonneuses ; et tous ces
êtres imprévus ont des organes dont les moindres pièces sont à leur masses totales dans
les mêmes proportions que chez les animaux
gigantesques : car enfin ils ont leurs besoins,
leurs intérêts, leur instinct, leurs mœurs,
leurs guerres ; ils s'agitent, ils se nourrissent, ils se conservent, ils se reproduisent.
C'est un monde aussi réel que le nôtre ; un
monde qui a peut-être au-dessous de lui d'autres mondes qui sont pour lui ce qu'il est pour
nous.

Boufflers.

Les moisissures sont une des parties les
plus importantes de la botanique microsco-
pique que nous devons à l'heureuse invention

des verres. Ces plantes en miniature sont pour le règne végétal ce que les animalcules des infusions sont pour le règne animal. Les moisissures les plus connues sont de véritables plantes, qui ont leurs racines, leurs tiges, leurs branches et leurs graines. Elles naissent, croissent et fructifient sur toutes les substances organiques qui commencent à se corrompre, ou qui conservent un certain degré d'humidité. Leur vie est courte, et il ne leur faut en été que quelques heures pour parvenir à leur accroissement complet et pour propager l'espèce. Elles ont d'abord la blancheur de la laine et du coton, auxquels elles ressemblent par leurs filaments ; peu à peu elles deviennent jaunâtres, à la fin noires, et cette noirceur annonce l'âge de la maturité. Au sommet de la tige et des branches est placée une petite tête, qui est tantôt sphérique, tantôt ovoïde, tantôt hémisphérique, et façonnée à la manière des champignons. Il paraît même que les moisissures sont de véritables champignons, mais dont le pédicule est excessivement allongé. Les têtes sont autant de capsules ou de boîtes remplies d'une foule de petits grains noirs, qui sont la semence de la plante. Il serait déraisonnable de

douter si cette poussière est une véritable semence. On peut ensemencer un morceau de
pain humide ou une côte de melon comme on
ensemence un champ. Si l'on répand sur ces
corps une certaine quantité de la poussière
noire des moisissures, il se couvre bien plus
abondamment de ces plantes microscopiques
que les corps semblables qui n'ont pas été en-
semencés. Il n'y a rien de plus délicat en apparence que les moisissures ; un léger attou-
chement les offense, et un zéphyr est pour
elles un ouragan. Combien donc est-il étonnant que leurs semences supportent la chaleur des brasiers ardents, sans perdre la
facilité germinatrice, ou sans que leur forme
ou leurs dimensions en soient altérées.

C. BONNET.

En examinant la lame d'un rasoir très fin
au microscope, elle paraît aussi épaisse que
le dos d'un couteau de cuisine ; raboteuse,
inégale, ébréchée : on dirait une scie grossièrement travaillée. La pointe de la plus
petite aiguille paraît avoir un quart de pouce
de largeur, et quoique la surface semble à

l'œil nu, polie et brillante, elle n'offre plus que brèches et aspérités. Elle a l'apparence d'une barre de fer sortant des mains du forgeron.

Mais l'aiguillon d'une abeille, vu à travers le même instrument, conserve la même finesse, la même perfection, sans que le moindre défaut dépare le travail de la nature, et la pointe en est si fine qu'elle échappe aux regards.

Un morceau de linge très fin offre l'image d'un treillage, et les fils dont il est tissu paraissent plus gros que le chanvre employé pour la confection des câbles.

Un observateur raconte que de la dentelle de Bruxelles, qui valait trois mille francs l'aune, avait toute l'apparence d'un crin épais et inégal, qu'on aurait grossièrement entremêlé, tandis que la toile d'un ver à soie parut uniformément belle et brillante.

On fila un cocon de cette soie : on reconnut qu'elle avait neuf cent trente aunes de longueur. Mais on doit remarquer que le ver tisse constamment deux fils l'un sur l'autre, ce qui fait mille huit cent soixante aunes. Le tout, pesé dans les balances les plus justes, n'excédait pas le poids de deux grains et demi. Quelle finesse de travail !

BOUILLY.

DE L'HOMME.

A la tête de l'échelle de notre globe est placé l'*homme*, chef-d'œuvre de la création terrestre. Contemplateurs des œuvres du Tout-Puissant, votre admiration s'épuise à la vue de ce merveilleux ouvrage. Pénétrés de la noblesse du sujet, vous voudriez en exprimer fortement toutes les beautés ; mais votre pinceau trop faible ne répond pas à la vivacité de vos conceptions.

Comment en effet, réussir à rendre avec énergie ces admirables proportions ; ce port noble, majestueux ; ces traits pleins de force et de grandeur ; cette *tête* ornée d'une agréable *chevelure* ; ce *front* ouvert et élevé ; ces *yeux* vifs et perçants, éloquents interprètes des sentiments de l'ame ; cette *bouche*, siége du ris, organe de la parole ; ces *oreilles* dont la délicatesse extrême saisit jusqu'à une nuance de ton ; ces *mains*, instruments précieux,

16

source intarissable de productions nouvelles ; cette *poitrine* ouverte et relevée avec grâce ; cette *taille* riche et dégagée ; ces *jambes*, élégantes colonnes, et qui répondent si bien à l'édifice qu'elles soutiennent ; ce *pied* enfin, base étroite et délicate, mais dont la solidité et les mouvements n'en sont que plus merveilleux ?

Si nous entrons ensuite dans l'intérieur de ce bel édifice, le nombre prodigieux de ses pièces, leur surprenante diversité, leur admirable construction, leur harmonie merveilleuse, l'art infini de leur distribution, nous jetteront dans un ravissement dont nous ne sortirons que pour nous plaindre de ne pas suffire à admirer tant de merveilles.

Les *os*, par leur solidité et par leur assemblage, forment le fondement ou la charpente de l'édifice : les *ligaments* sont les liens qui unissent ensemble toutes les pièces. Les *muscles*, comme autant de ressorts, opèrent leur jeu. Les *nerfs*, en se répandant dans toutes les parties, établissent entre elles une étroite communication. Les *artères* et les *veines*, semblables à des ruisseaux, portent partout le rafraîchissement et la vie. Le *cœur*, placé au centre, est le réservoir, ou la principale force, destinée à imprimer le mouvement au fluide, et à l'entretenir. Les *poumons* sont une autre puissance, ménagée pour porter dans l'intérieur un air frais, et pour en chasser les vapeurs nuisibles. L'*estomac* et les viscères de différents genres sont les magasins et les laboratoires où se préparent les matières qui fournissent aux réparations nécessaires. Le *cerveau*, appartement de l'ame, est, comme tel, spacieux et meublé d'une manière assortie à la dignité du maître qui l'habite. Les *sens*, domestiques prompts et fidèles, l'avertissent de tout ce qu'il lui convient de savoir, et servent également à ses plaisirs et à ses besoins.

C. Bonnet.

L'homme, par toute la terre, est au centre de toutes les grandeurs, de tous les mouvements et de toutes les harmonies. Sa taille, ses membres et ses organes ont des proportions si justes avec tous les ouvrages de la nature, qu'elle les a rendus invariables comme leur ensemble. Il fait, à lui seul, un genre qui n'a ni classe, ni espèces, et qui a mérité par excellence le nom de genre humain. Il forme une véritable famille, dont tous les membres sont dispersés sur la terre pour en recueillir les productions, et qui peuvent se correspondre d'une manière admirable dans leurs besoins. Non-seulement les hommes ont été unis, dans les temps, par les intérêts du commerce, mais par les liens plus sacrés et plus durables de l'humanité.

Le mal physique est étranger à l'homme; il ne naît que des écarts de la loi naturelle. La nature a fait l'homme bon. Si elle l'avait fait méchant, elle qui est si conséquente dans ses productions, elle lui aurait donné des griffes, une gueule, du venin, quelque arme offensive, ainsi qu'elle en a donné aux bêtes dont le caractère est d'être féroces. Elle ne l'a pas seulement armé d'armes défensives, comme le reste des animaux, mais elle l'a créé le plus nu et le plus misérable de tous, sans doute pour l'obliger de recourir sans cesse à l'humanité de ses semblables et d'user de miséricorde envers eux. La misère de l'homme donna naissance à toutes ses vertus.

L'homme sans ailes, sans plumages, se-rait plus misérable que le corbeau carnivore et que le faible roitelet, si la Providence n'avait remis entre ses mains le feu, cette ame de la nature. Abandonné aux injures des éléments, la nature l'a traité avec bien de la rigueur; car il est le seul être aux besoins duquel elle n'ait pas immédiatement pourvu. Qui pourra vanter sa raison, son cœur, et ses sentiments qui lui causent tant de maux? Combien il est à plaindre celui qu'on a nommé roi de l'univers! Voici un être qui s'avance posé en équilibre sur deux pieds, et qui est né si imbécile qu'il est obligé d'apprendre à marcher et même à manger; qui ne peut satisfaire ses besoins les plus communs sans les secours de ses semblables, et qui est sans cesse en guerre avec eux; qui les persécute et en est persécuté; qui les massacre et en est massacré, et qui, devenu à lui-même son plus dangereux ennemi, finit souvent par mourir de chagrin, et quelquefois par se tuer de désespoir.

Nos philosophes n'ont pas assez réfléchi sur une aussi étrange distinction. Quoi! un ver a sa tarière ou sa râpe; il naît au sein d'un fruit dans l'abondance, il trouve ensuite en lui-même de quoi se filer une toile dont il s'enveloppe; après cela il se change en mouche brillante, qui va reperpétuer son espèce sans

soucis et sans remords : et le fils d'un roi naît
tout nu , dans les larmes et les gémissements,
ayant besoin toute sa vie du secours d'autrui,
sujet à toutes les vicissitudes de son existence,
et trouve souvent en lui-même la cause de
toutes ces infortunes ! Certes , si nous ne
sommes tous que des enfants de la poussière ,
il valait mille fois mieux venir à l'existence
sous la forme d'un insecte que sous celle d'un
empereur. Mais l'homme n'a été abandonné à
la dernière des misères que pour mériter un
bonheur infini.

Si je considère l'homme d'un autre côté ,
voici un être que la nature a mis, par ses
jouissances, en relation avec ses semblables
par toute la terre , et à qui elle a confié le feu,
ce premier agent de l'univers. Il respire dans
tous les climats , navigue par toutes les mers,
habite par tout le globe , tourne à son usage
tous les végétaux , et dompte tous les animaux : cet être a reçu de la nature les plus
belles formes dans son corps , des affections
célestes sur son visage , le sentiment inné de la
divinité dans son cœur , l'intelligence de ses
ouvrages dans son esprit, l'instinct de l'infinité et de l'immortalité dans ses espérances,

et par les harmonies de son intelligence, de sa vertu et de sa raison, il s'est rendu le maître de toute la terre, et se dirige vers le ciel.

Nous nous trouvons quelquefois misérables de voir autour de nous une nature immortelle, tandis que nous dépérissons chaque jour; si, au contraire, nous étions immortels, et que la nature vieillît et se dégradât sans se réparer, nous aurions raison de nous plaindre. Comment une vie éternelle pourrait-elle se soutenir par des jouissances caduques ? Mais la nature se renouvelle sans cesse; et si elle détruit successivement chacun de nous, c'est pour tirer de meilleures vie de notre mort. Elle ne se plaît pas dans un cercle monotone de création et d'anéantissement. Car Dieu est non-seulement infini en durée, en puissance, en étendue, en bonté, mais il l'est en intelligence. Ses ouvrages vont de perfections en perfections.

Bernardin de saint-pierre.

Quelque intérêt que nous ayons à nous connaître nous-mêmes, je ne sais si nous ne connaissons pas mieux tout ce qui n'est pas nous. Pourvus par la nature d'organes unique-

ment destinés à notre conservation, nous ne
les employons qu'à recevoir les impressions
étrangères, nous ne cherchons qu'à nous
répandre au-dehors, et à exister hors de nous;
trop occupés à multiplier les fonctions de nos
sens et à augmenter l'étendue extérieure de
notre être, rarement faisons-nous usage de ce
sens intérieur qui nous réduit à nos vraies
dimensions et qui sépare de nous tout ce qui
n'en est pas; c'est cependant de ce sens dont
il faut nous servir, si nous voulons nous connaître, c'est le seul par lequel nous puissions
nous juger. Mais comment donner à ce sens
toute son activité et toute son étendue? Comment dégager notre ame dans laquelle il réside
de toutes les illusions de notre esprit? Nous
avons perdu l'habitude de l'employer; elle est
demeurée sans exercice au milieu du tumulte
de nos sensations corporelles; elle s'est desséchée par le feu de nos passions; le cœur,
l'esprit, les sens, tout a travaillé contre elle.

Cependant inaltérable dans sa substance,
impassible par son essence, elle est toujours
la même; sa lumière offusquée a perdu son
éclat sans rien perdre de sa force, elle nous
éclaire moins, mais elle nous guide aussi
sûrement. Recueillons pour nous conduire

ses rayons qui parviennent encore jusqu'à nous, l'obscurité qui nous environne diminuera, et si la route n'est pas également éclairée d'un bout à l'autre, au moins aurons-nous un flambeau avec lequel nous marcherons sans nous égarer.

Si quelque chose est capable de nous donner une idée de notre faiblesse, c'est l'état où nous nous trouvons immédiatement après la naissance. Incapable de faire encore aucun usage de ses organes et de se servir de ses sens, l'enfant qui naît a besoin de secours de toute espèce; c'est une image de misère et de douleur, il est dans ces premiers temps plus faible qu'aucun des animaux; sa vie incertaine et chancelante paraît devoir finir à chaque instant, il ne peut se soutenir ni se mouvoir; à peine a-t-il la force nécessaire pour exister et pour annoncer par des gémissements les souffrances qu'il éprouve, comme si la nature voulait l'avertir qu'il est né pour souffrir, et qu'il ne vient prendre place dans l'espèce humaine que pour en partager les infirmités et les peines.

Dans l'homme, le plaisir et la douleur physiques ne font que la moindre partie de ses peines et de ses plaisirs; son imagination qui travaille continuellement fait tout ou plutôt ne

16..

fait rien que pour son malheur, car elle ne présente à l'ame que des fantômes vains ou des images exagérées, et la force à s'en occuper. Plus agitée par ses illusions qu'elle ne le peut être par les objets réels, l'ame perd sa faculté de juger et même son empire ; elle ne compare que des chimères, elle ne veut plus qu'en second, et souvent elle veut l'impossible ; sa volonté qu'elle ne détermine plus, lui devient donc à charge : ses désirs outrés sont des peines, et ses vaines espérances sont tout au plus de faux plaisirs qui disparaissent et s'évanouissent dès que le calme succède et que l'ame, reprenant sa place, vient à les juger.

Nous nous préparons donc des peines toutes les fois que nous cherchons des plaisirs ; nous sommes malheureux dès que nous désirons être plus heureux. Le bonheur est au-dedans de nous-mêmes, il nous a été donné ; le malheur est au-dehors et nous l'allons chercher. Pourquoi ne sommes-nous pas convaincus que la jouissance paisible de notre ame est notre seul et vrai bien, que nous ne pouvons l'augmenter sans risquer de le perdre, que moins nous désirons et plus nous possédons ; qu'enfin tout ce que nous voulons au-delà de

ce que la nature peut nous donner est peine,
et que rien n'est plaisir que ce qu'elle nous
offre ?

Or, la nature nous a donné et nous offre
encore à chaque instant des plaisirs sans
nombre ; elle a pourvu à nos besoins, elle
nous a munis contre la douleur ; il y a dans le
physique infiniment plus de bien que de mal ;
ce n'est donc pas la réalité, c'est la chimère
qu'il faut craindre ; ce n'est ni la douleur du
corps, ni les maladies, ni la mort, mais
l'agitation de l'ame, les passions et l'ennui qui
sont à redouter.

Tout change dans la nature, tout s'altère,
tout périt ; le corps de l'homme n'est pas
plus tôt arrivé à son point de perfection qu'il
commence à déchoir : les causes de notre
destruction sont nécessaires et la mort inévi-
table. Il ne nous est pas plus possible d'en
reculer le terme fatal que de changer les lois
de la nature.

Pourquoi donc craindre la mort, si l'on a
assez bien vécu pour n'en pas craindre les
suites.

BUFFON.

———

L'HOMME

EN HARMONIE AVEC LES MERVEILLES DE LA NATURE.

Les végétaux chargés de fleurs ou de fruits sont disséminés sur la terre comme des îles au sein des mers orageuses, pour nous servir de lieu de rafraîchissement et nous guider vers un nouveau monde.

Qui n'est pas ému des harmonies que les végétaux forment avec les éléments par rapport à nous? En commençant par celles de la lumière, quels charmants effets l'aurore ne produit-elle pas sur les fleurs des prairies et dans les feuillages des forêts! Elles ressemblent alors à d'immenses voûtes de verdure supportées par des colonnes de bronze antique. Lorsque le soleil, au milieu de sa carrière, embrase la campagne de ses feux verticaux. Les arbres nous offrent de magnifiques parasols. Il est très remarquable que, de toutes les couleurs, la verte est la plus amie de la vue. C'est une couleur harmonique, formée de la couleur jaune de la terre et de la bleue du ciel ; aussi la nature en a couvert les plaines, les vallons, les montagnes et les végétaux, qui prêtent leurs ombrages au repos de l'homme. La nuit, malgré son obscurité, nous présente avec eux de nouveaux accords. La lune éclaire les forêts de sa lumière tremblante, qui guide encore les pas du voyageur ; les étoiles, à l'orient, se montrent tour à tour à l'extrémité de leurs rameaux et viennent couronner leur cime ; on dirait que les arbres portent des constellations. C'est pour l'homme seul que l'arbre renferme dans son bois l'élément du feu. Lorsque la nuit a couvert l'horizon de ses voiles, le pêcheur allume sa torche et l'ouvrier sa lampe ; les divers étages des maisons sont éclairés ; une ville paraît, de loin, constellée comme une portion des cieux. Cependant l'homme à cet égard n'a aucun avantage sur quelques insectes ; des mouches et des vers répandent, au sein des buissons, une lumière qui leur est propre. Mais le feu seul a donné l'empire à l'homme. C'est pour l'entretenir au sein des plus rudes hivers, que la Providence a couvert les contrées septentrionales d'arbres résineux, tels que les pins et les sapins ; elle les a destinés aux besoins de l'homme et non à ceux des animaux. Jamais l'ours blanc si vigoureux, ni le renard si subtil n'en ont éclaté les troncs, ou rompu des branches pour en faire des torches flamboyantes et en réchauffer leurs tanières. La vue seule du feu épouvante ces enfants de la nuit au milieu de leurs glaces, tandis qu'elle y réjouit le Lapon et le Samoyède. La nature, en confiant à l'homme cet élément céleste émané du soleil, n'a remis qu'entre ses mains le sceptre de l'univers.

Les arbres, par leurs harmonies propres, donnent les moyens de les escalader. S'ils croissaient par les simples effets de l'attraction, ou de la colonne d'air verticale, comme le prétendent plusieurs botanistes, ils ne produiraient que des tiges perpendiculaires et nues, telles que celles des blés, mais la plupart, au contraire, se garnissent, depuis la racine jusqu'au sommet, de branches étagées et divergentes ; afin de donner à l'homme particulièrement les moyens d'y monter. Les quadrupèdes frugivores grimpants, tels que les rats, les écureuils, les singes, n'ont besoin de leurs ongles durs et crochus, qu'ils enfoncent dans l'écorce des arbres, que pour en atteindre les sommets. Les palmiers, dont les cimes sont très élevées, ont des troncs couverts de hoches formées par la chute successive de leurs palmes, et l'homme s'en sert, comme nous l'avons dit, pour aller cueillir leurs fruits. C'est sans doute par cette raison de convenance avec lui que les lianes sont si communes dans les pays torridiens, et qu'elles tournent en spirales autour des troncs des arbres dépourvus, pour la plupart, de branches à une grande élévation. J'ai remarqué aussi, dans ces climats, que les végétaux qui produisent des fruits moux et d'un volume considérable, les portent appuyés sur leurs troncs et à la hauteur de l'homme : tels sont les bananiers, les papayers, les jacquiers, et même les calebassiers. Les arbres fruitiers de nos vergers, dont les fruits tendres peuvent se briser en tombant, sont environnés d'une verte pelouse, et s'élèvent à une hauteur médiocre : tels sont les pommiers, les poiriers, les pêchers, les abricotiers, les pruniers, les figuiers. Ils présentent à la fois le fruit et l'échelle pour le cueillir.

L'homme tourne encore à son avantage les harmonies végétales des animaux. C'est par les plantes qui leur plaisent qu'il en a subjugué plusieurs. Avec les trèfles, les graminées, les vesces, les orges, il a attiré et attaché à son domicile la chèvre, la vache, l'âne, le cheval, et jusqu'à des oiseaux, tels que la poule et le pigeon, qui, ayant des ailes, semblaient destinés à une liberté perpétuelle. S'il a attiré et fixé dans son habitation les animaux herbivores par des herbes bienfaisantes, il éloigne d'elle les animaux carnassiers par les végétaux épineux dont il l'environne. Il y a plus, il leur fait une guerre avantageuse avec des armes que lui fournit la puissance végétale au moyen du feu. Jamais on n'a vu le singe, l'habitant des forêts, s'armer pour combattre ses ennemis; mais l'homme, avec le feu et son intelligence, coupe et façonne en massue la racine noueuse d'un arbre; il en courbe la branche en arme et l'écorce en carquois; il en taille les jeunes plants en flèches et les grands en lances. Avec ces armes végétales il terrasse le lion et le tigre. Heureux si, en employant l'élément du soleil et une raison divine pour les fabriquer, il ne s'en fût jamais servi pour la destruction de ses semblables!

Les harmonies végétales immédiates de l'homme sont bien plus étendues que toutes les précédentes. Si la nature a mis à sa disposition

les nourritures végétales des animaux domestiques , elle l'a mis lui-même en rapport direct
avec une multitude de plantes alimentaires.
Elle l'a placé d'abord au centre du système
végétal , par son attitude et par sa taille ; elle
l'a mis debout et en équilibre sur deux pieds :
dans cette attitude , ses regards sont dirigés
vers l'horizon , et sa hauteur ne s'élève guère
au-dessus de la terre. Il est très remarquable
que cette grandeur le met au centre de la
puissance végétale , de manière qu'il a autant
de végétaux au-dessus de lui dans les arbres ,
qu'il en a au-dessous dans les herbes ; ainsi il
en aperçoit toutes les productions au moyen
de son attitude perpendiculaire et de la position
horizontale de sa tête. Les oiseaux qui vivent
dans les arbres renversent aisément leur tête
en arrière pour voir leur nourriture qui est
au-dessus d'eux , mais les quadrupèdes portent
la leur inclinée vers la terre où ils trouvent
leurs aliments. L'homme , dont la tête horizontale se meut en haut , en bas , à droite et à
gauche , aperçoit à la fois l'herbe qu'il foule
aux pieds et les sommets des plus grands arbres;
mais c'est surtout avec les arbres fruitiers qu'il
est dans un rapport parfait. Par tous pays la

plupart des fruits destinés à la nourriture de l'homme flattent sa vue et son odorat; ils sont, de plus, proportionnés à sa main et suspendus à sa portée.

Nous ne sommes point en place, ici bas, pour juger de l'arrangement de cet univers, nous, petits êtres de six pieds, haletant sans cesse après mille besoins avec un souffle de vie. Son plan est hors de notre vue et de notre conception; la mort seule peut nous en montrer la réalité. Nous ne savons point où est le séjour de celui qui a produit tant de merveilles. Cependant il existe dans les cieux, et nous en savons assez pour voir qu'il a mis une multitude de globes lumineux en rapport avec l'homme. Notre système planétaire, qui a plus de quinze cent millions de lieues d'étendue; ces étoiles, qui sont à des distances incalculables; cette voie lactée, remplie de milliards d'étoiles; toutes les constellations qui s'étendent depuis celle de l'Ourse jusqu'à celle de l'Eridan; tout ce tableau incommensurable vient, dans les ténèbres, se peindre sur la rétine de notre œil, qui n'a pas une ligne de diamètre. O profondeur de la toute-puissance de Dieu! ô sagesse infinie! vous m'anéantissez sous le poids de vos miracles :

mon intelligence succombe sous les prodiges de la vôtre ; et si , sur la terre et dans un corps mortel , on peut en supporter un faible aperçu , pour surcroît de merveilles , je le dois à la nuit et à mon ignorance profonde.

L'homme seul , sans aucun besoin physique , est touché des harmonies mutuelles des végétaux. L'insecte aux yeux microscopiques cherche sa pâture sur cette feuille , qui lui semble une vaste prairie ; le bœuf aux grands yeux mugit de plaisir à la vue du pâturage ondoyant , qui ne lui apparaît que comme une seule feuille : l'un et l'autre ne sont mus que par leur appétit ; ils n'admirent dans les plantes ni les canaux séveux qui ravissent d'étonnement les naturalistes , ni les bouquets qui parent le sein des bergères ; mais l'homme est sensible à toutes leurs harmonies ; et ce sentiment se développe en lui avec le fil de ses jours. Enfant à la mamelle , il sourit à la vue des fleurs ; dès qu'il peut marcher, il aime à courir sur le pré qui en est émaillé ; dans sa jeunesse il se plaît à les assortir pour en faire part à ses amis : ce sentiment harmonique augmente en lui avec les années et la fortune.

Le piéton qui part dès le point du jour

admire le paysage que l'aurore développe peu
à peu devant lui. Ses regards se reposent tour-
à-tour avec délices sur des prairies tout étincelantes de gouttes de rosée , sur des forêts
agitées par les vents , sur des rochers moussus,
et jusque sur les arbres ébranchés des grandes
routes , qui apparaissent de loin comme des
géants ou des tours. Souvent son chemin l'intéresse plus que le lieu où il doit arriver , et
le paysage plus que les habitants. Ce sont ces
réminiscences végétales qui nous rendent si
chers les jours rapides de notre enfance, et
certains sites de cette terre que nous parcourons comme des voyageurs.

Si nous considérons les fleurs , nous trouverons qu'elles ont une infinité d'analogies
avec les caractères , les unes étant gaies ,
d'autres mélancoliques ; il y en a même qui en
ont avec les traits du visage : les bluets en
ont avec les yeux , les roses avec la bouche ,
la digitale avec les doigts , etc. Chacune,
d'elles a des parfums qui en ont aussi avec les
diverses sensations de la beauté. Les fleurs les
plus odorantes sont les plus propres à faire
des bouquets et des chapeaux , telles que les
violettes et les roses. Rien n'est aimable comme
les fleurs dans la parure des femmes et des

enfants : l'or, l'argent, les perles et les diamants ne peuvent leur être comparés ni par leurs formes, ni par leur éclat, qui est trop vif; seules elles ont des coupes et des teintes analogues à la couleur des yeux, des lèvres et du visage; elles se présentent partout sous leurs pas, tandis qu'il faut aller chercher les métaux et les fossiles brillants à travers mille dangers, au sein des terres et des mers : les unes se recueillent par les mains de l'innocence, et les autres souvent par celles du crime.

BERNARDIN DE SAINT-PIERRE.

RÉSURRECTION DE L'HOMME.

Si nous goûtons un plaisir extrême à voir
rassemblées, dans un même lieu, les principales productions de la nature, quel n'est pas
le ravissement des esprits célestes lorsqu'ils
parcourent les mondes que Dieu a semés
dans l'étendue, et qu'ils y contemplent l'immensité de ses œuvres! O! la délicieuse occupation que celle de ces intelligences supérieures quand elles comparent les différentes
économies de tous ces mondes, et qu'elles
pèsent, à la balance de la raison, chacun de
ces globes!

Habitants de la terre qui avez reçu une
raison capable de vous persuader l'existence
de ces mondes, n'y porterez-vous jamais vos
pas? l'Etre infiniment bon qui vous les montre
de loin vous en refuserait-il à jamais l'entrée?
non, appelés à prendre place un jour parmi
les hiérarchies célestes, vous volerez, comme
elles, de planètes en planètes : vous irez

éternellement de perfection en perfection , et chaque instant de votre durée sera marqué par l'acquisition de nouvelles connaissances. Tout ce qui a été refusé à votre perfection terrestre , vous l'obtiendrez sous cette économie de gloire : *vous connaîtrez comme vous avez été connus.*

L'homme est semé corruptible , il ressuscitera incorruptible et glorieux ; ce sont encore les termes de l'Apôtre philosophe : l'enveloppe du grain périt, le germe subsiste, et assure à l'homme l'immortalité. L'homme n'est donc point en soit ce qu'il nous paraît être. Ce que nous en découvrons ici-bas n'est que l'enveloppe grossière sous laquelle il rampe, et qu'il doit rejeter. L'anatomie infère de diverses expériences que cette partie du cerveau nommée le *corps calleux* est l'instrument immédiat des opérations de l'ame. Des observations exactes paraissent prouver que cette partie est la seule qui ne puisse être altérée sans que les fonctions spirituelles en souffrent plus ou moins. Le corps calleux est donc une petite machine organique destinée à recevoir les impressions qui partent de différents points du corps, et à les transmettre à l'ame. C'est aussi par elle que l'ame agit sur différents points de son corps , et qu'elle tient à toute la nature. Les extrémités de tous les nerfs vont donc rayonner au siége de l'ame : il est , en quelque sorte , le centre de ce tissu admirable dont les fils sont si nombreux , si déliés, si délicats, si mobiles. Mais les nerfs ne sont pas tendus comme les cordes d'un instrument de musique. Des animaux entièrement gélatineux sont pourtant très sensibles. Nous sommes donc conduits à admettre dans les nerfs un fluide que sa subtilité nous dérobe , et qui sert et à la propagation des impressions sensibles et aux mouvements musculaires. L'instantanéité de cette propagation et quelques autres phénomènes indiquent qu'il est une certaine analogie entre le fluide nerveux et la matière du feu ou celle de la lumière. On sait que tous les corps sont imprégnés de feu. Il abonde dans les aliments. Il en est extrait par le cerveau, d'où il passe dans les nerfs. Le siége de l'ame , organe immédiat du sentiment et de la pensée , pourrait n'être qu'un composé de ce feu vital. Le corps calleux que nous voyons et que nous palpons, ne serait ainsi que l'étui ou l'enveloppe de la petite machine éthérée qui constituerait le véritable siége de l'ame. Elle serait encore le germe de re corps *spirituel et glorieux* que la révélation oppose au *corps animal et abject*.

Les impressions plus ou moins durables que les nerfs et les esprits produisent sur la petite machine, et qui sont l'origine des sensations, de la réminiscence et de la mémoire, deviennent le fondement de la *personnalité*, et lient l'état *présent* à l'état *futur*. La résurrection ne serait donc que le développement prodigieusement accéléré de ce germe, caché actuellement dans le corps calleux. L'Auteur de la nature, qui a préordonné dès le commencement tous les êtres, qui a renfermé originairement la plante dans la graine, le papillon dans la chenille, les générations futures dans les générations actuelles, n'aurait-il pu renfermer le corps spirituel dans le corps animal? La révélation nous apprend qu'il l'a fait, et la parabole du grain est l'emblême le plus expressif et le plus philosophique de cette merveilleuse préordination. Le corps animal n'est en rapport qu'avec notre terre. Le germe du corps spirituel a des rapports avec notre terre, et il en a de plus nombreux et de plus directs avec le monde que nous habiterons un jour. Il en a peut-être encore avec différents mondes planétaires.

Les sens sont le fondement des rapports que le corps animal soutient avec les êtres terrestres. Le siége de l'ame, ou la petite machine éthérée qui le constitue, a des parties qui correspondent aux sens grossiers, puisqu'elle en reçoit les ébranlements et qu'elle les transmet à l'ame. Ces parties acquerront par le développement du germe un degré de perfection que ne comportait pas l'état présent de l'homme. Mais ce germe peut renfermer encore de nouveaux *sens*, qui se développeront en même temps, et qui en multiplieront presqu'à l'infini les rapports de l'homme à l'univers, agrandiront sa sphère, et l'égaleront à celle des intelligences supérieures.

Un corps organisé, formé d'éléments analogues à ceux de la lumière, n'exige, sans doute, aucune réparation. Le corps spirituel se conservera donc par la seule énergie de sa mécanique. Et si la lumière ou l'éther ne pèse point, l'homme *glorifié* se transportera au gré de sa volonté dans tous les points de l'espace, et volera de planètes en planètes, de tourbillons en tourbillons, avec la rapidité de l'éclair. Enrichi de facultés spirituelles et corporelles qui le rendront propre à habiter également différents mondes, il pourra en contempler les diverses productions et meubler son cerveau de toutes les connaissances qui ornent celui des habitants du ciel. Les sens soumis alors à l'empire de l'ame, ne la maîtriseront plus. Séparée pour jamais *de la chair et du sang*, il ne lui restera aucune des affections terrestres dont ils étaient les principes. Transporté dans le séjour de la lumière, l'entendement humain ne présentera à la volonté que les idées du vrai bien. Elle n'aura plus que des désirs légitimes, et Dieu sera le terme constant de ses désirs. Elle l'aimera par reconnaissance; elle le craindra par amour; elle l'adorera comme l'Etre souverainement aimable, et comme la source éternelle de la vie, de la perfection et du bonheur.

Chrétiens, qui savourez cette doctrine de vie, redouteriez - vous la mort? Votre ame immortelle tient encore à l'immortalité par des liens physiques, et ces liens sont indissolubles. Unie, dès à présent, à un germe impérissable, elle ne voit dans la mort qu'une heureuse transformation, qui, en débarrassant le grain de son enveloppe, donnera à la plante un nouvel être. *O mort où est ton aiguillon ! O sépulcre où est ta victoire!*

C. BONNET.

DE LA PROVIDENCE.

Infortunés mortels ! cherchez votre bonheur dans la vertu, et vous n'aurez point à vous plaindre de la nature. Méprisez ce vain savoir et ces préjugés qui ont corrompu la terre, et que chaque siècle renverse tour à tour. Aimez les lois éternelles. Vos destinées ne sont point abandonnées au hasard, ni à des génies malfaisants ; rappelez-vous ces temps dont le souvenir est encore nouveau chez toutes les nations. Les animaux trouvaient partout à vivre ; l'homme seul n'avait ni aliment, ni habit, ni instinct. La Sagesse divine l'abandonna à lui-même pour le ramener à elle ; elle répandit ses biens sur toute la terre, afin que, pour les recueillir, il en parcourût les différentes régions ; qu'il développât sa raison par l'inspection de ses ouvrages, et qu'il s'enflammât de son amour par l'inspection de ses bienfaits. Elle mit entre elle et lui les plaisirs innocents, les découvertes ravissantes, les joies pures et les espérances sans fin, pour le conduire à elle pas à pas par la route de l'intelligence et du bonheur; elle plaça sur le bord de son chemin la crainte, l'ennui, le remords, la douleur et tous les maux de la vie, comme des bornes destinées à l'empêcher d'aller au-delà et de s'égarer. Ainsi une mère sème des fruits sur la terre pour apprendre à marcher à son enfant; elle s'en tient éloignée, elle lui sourit, elle l'appelle; elle lui tend les bras, mais s'il tombe, elle vole à son secours, elle essuie ses larmes et elle le console. Ainsi la Providence vient au secours de l'homme par mille moyens extraordinaires qu'elle emploie pour subvenir à ses besoins. Que serait-il devenu, dans les premiers temps, si elle l'avait abandonné à sa raison encore dépourvue d'expérience? Où trouva-t-il le blé dont tant de peuples tirent leur nourriture aujourd'hui, et que la terre, qui produit toutes sortes de plantes sans être cultivée, ne montre nulle part? Qui lui a appris l'agriculture, cet art si simple que l'homme le plus stupide en est capable, et si sublime que les animaux les plus intelligents ne peuvent l'exercer? Il n'est presque point d'animal qui ne soutienne sa vie par les végétaux, qui n'ait l'expérience journalière de leur reproduction, et qui n'emploie, pour chercher ceux qui lui conviennent, beaucoup plus de combinaisons qu'il n'en faut pour les ressemer. Mais de quoi l'homme lui-même a-t-il vécu avant qu'une Isis ou une Cérès lui eût révélé ce bienfait des cieux? qui lui montra, dans l'origine du monde, les premiers fruits des vergers dispersés dans les forêts, et les racines alimentaires cachées dans le sein de la terre? N'a-t-il pas dû mille fois mourir de faim, avant d'en avoir recueilli assez pour le nourrir; ou du poison, avant d'en savoir faire le choix; ou de fatigue et d'inquiétude, avant d'en avoir formé autour de son habitation des tapis et des berceaux? Cet art, image de la création, n'était réservé qu'à l'être qui portait l'empreinte de la divinité. Si la Providence l'eût abandonné à lui-même en sortant de ses mains, que serait-il devenu? Aurait-il dit aux campagnes: Forêts inconnues, montrez-moi les fruits qui sont mon partage; terre, entr'ouvrez-vous, et découvrez-moi dans vos racines mes aliments; plantes, d'où dépend ma vie, manifestez-vous à moi, et suppléez à l'instinct que m'a refusé la nature ? Aurait-il eu recours, dans sa détresse, à la pitié des bêtes, et dit à la vache lorsqu'il mourrait de faim : Prends-moi au nombre de tes enfants, et partage avec moi une de tes mamelles superflues ? Quand le souffle de l'aquilon fit frissonner sa peau, la chèvre sauvage et la brebis timide sont-elles accourues pour le réchauffer de leurs toisons ? Lorsque, errant, sans défense et sans asile, il entendit, la nuit, les hurlements des bêtes féroces qui demandaient de la proie, a-t-il supplié le chien généreux en lui disant : Sois mon défenseur, et tu seras mon esclave ? Qui aurait pu lui soumettre tant d'animaux qui n'avaient pas besoin de lui, qui le surpassaient en ruse, en légèreté, en force, si la main qui, malgré sa chute, le destinait encore à l'empire, n'avait abaissé leurs têtes à l'obéissance ?

Comment l'homme, d'une raison moins sûre que leur instinct, a-t-il pu s'élever jusque dans les cieux, mesurer le cours des astres, traverser les mers, conjurer le tonnerre, imiter la plupart des ouvrages et des phénomènes de la nature ? C'est ce qui nous étonne aujourd'hui ; mais je m'étonne bien plutôt que le sentiment de la divinité eût parlé à son cœur bien avant que l'intelligence des ouvrages de la nature eût perfectionné sa raison. Voyez-le dans l'état sauvage, en guerre perpétuelle avec les éléments, avec les bêtes féroces, avec ses semblables, avec lui-même, souvent réduit à des servitudes qu'aucun animal ne voudrait supporter, et il est le seul être qui montre jusque dans la misère le caractère de l'infini et l'inquiétude de l'immortalité. Il élève des trophées, il grave ses exploits sur l'écorce des arbres, il prend le soin de ses funérailles, et il révère les cendres de ses ancêtres, dont il a reçu un héritage si funeste. Il est sans cesse agité par ses passions; quand il n'est pas la victime de ses semblables, il en est le tyran; et seul il a connu que la justice et la bonté gouvernaient le monde, et que la vertu élève l'homme au ciel. Il ne reçoit à son berceau aucun présent de la nature, ni douce toison, ni plumage, ni défenses, ni outils pour une vie si pénible et si laborieuse, et il est le seul être qui invite des dieux à sa naissance, à son hymen et à son tombeau. Quelque égaré qu'il soit par des opinions insensées, lorsqu'il est frappé par les secousses imprévues de la joie ou de la douleur, son ame, d'un mouvement involontaire, se réfugie dans le sein de la divinité. Il s'écrie: *Ah! mon Dieu!* il tourne vers le ciel des mains suppliantes et des yeux baignés de larmes pour y chercher un père. Ah ! les besoins de l'homme attestent la providence d'un Etre suprême. Il n'a fait l'homme faible et ignorant, qu'afin qu'il s'appuyât de sa force et qu'il s'éclairât de sa lumière ; et bien loin que le hasard, ou des génies malfaisants règnent sur une terre où tout concourait à détruire un être si méprisable, sa conservation, ses jouissances et son empire prouvent que dans tous les temps un Dieu bienfaisant à été l'ami et le protecteur de la vie humaine.

BERNARDIN DE SAINT-PIERRE.

FIN.

FIN DE LA TABLE.